岛上寻星

SEARCHING FOR STARS ON AN ISLAND IN MAINE

Alan Lightman

[美]艾伦·莱特曼 著

李磊 译

文汇出版社

图书在版编目（CIP）数据

岛上寻星 /（美）艾伦・莱特曼著；李磊译. — 上海：文汇出版社，2023.6

ISBN 978-7-5496-3973-1

Ⅰ. ①岛… Ⅱ. ①艾… ②李… Ⅲ. ①天体—普及读物 Ⅳ. ① P1-49

中国国家版本馆 CIP 数据核字（2023）第 044939 号

上海市版权局著作权合同登记号：图字09-2023-0263

岛上寻星

Dao Shang Xunxing

作　　者 /［美］艾伦・莱特曼

译　　者 / 李　磊

责任编辑 / 戴　铮

封面设计 / 汤惟惟

版式设计 / 汤惟惟

出版发行 / 文匯出版社

上海市威海路 755 号

（邮政编码：200041）

印刷装订 / 上海中华印刷有限公司

（上海市青浦区汇金路 889 号）

版　　次 / 2023 年 6 月第 1 版

印　　次 / 2023 年 6 月第 1 次印刷

开　　本 / 889 毫米 ×1194 毫米　1/32

字　　数 / 120 千字

印　　张 / 7.5

书　　号 / ISBN 978-7-5496-3973-1

定　　价 / 65.00 元

超越性 85
法　则 90
教　条 98
运　动 106
居　中 123
死　亡 126
确定性 144
起　源 164
蚂蚁（二） 183
多重宇宙 187
人　类 194

致　谢 216
注　释 218

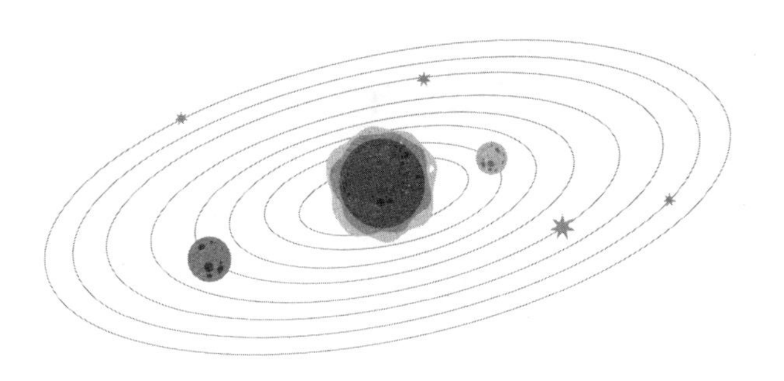

目　录

洞　穴　1

在相对的世界里渴求绝对　3

物　质　17

蜂　鸟　32

群　星　34

原　子　52

蚂蚁（一）　70

僧　人　76

真　理　79

献给

迈卡·格林斯坦拉比和约·胡特·赫马卡罗尊者

洞　穴

1979年。一股潮湿的泥土和石头的气味。昏暗的光线中，一小群人悄声低语着，仿佛走进了一座教堂，对岩壁上所画的野牛、猛犸象和马匹入了迷，这些画作的颜料是用土和木炭混制成的红赭石，还加入了唾液和动物脂肪。我无言以对，这是法国西南部原始洞穴里的又一个“幽灵”。此处名为芬德歌姆岩洞（Font-de-Gaume）。洞中的壁画可以追溯至公元前17 000年，一个世纪前由当地一所学校的校长发现。那些手绘的线条顺着各面岩壁的自然轮廓变向、流动。一幅画里，一匹肥马俯下身子，好像在用鼻子轻抚着一头耷拉着脑袋的野牛。另一处，一大群骏马在这石头平原上飞奔着，其间还有一只橙色躯干、脖子黢黑的大型动物，以及一些浑身都是黑白斑点的小兽。有幅画尤其惹眼，让我一见难忘——那是一头野牛，其整个身子似乎都是一笔勾勒出来的。

显然，这些早期人类都是技艺绝伦的画家，与自然关联颇深。他们也相信虚幻世界吗？他们相信无形之物吗？他们怎么看待雷、电、风、头顶的星辰，以及自己的起点和终点呢？他们很少能活过30岁。裹着他们所猎杀的动物的毛皮，意识到自己行将逝去，他们一定会怀着敬畏和渴望，仰望永恒的群星吧。远古先人们将这些逝者葬于洞穴外的山麓间，为其穿上缝制的衣服，并在其俯卧的遗体四周摆上各种工具和食物，以备来世。这种渴望就是始于此时此地吗？

在附近，有人擅自划亮了一根火柴，我们都惊讶地转头看向这缕小小的火苗。墙上的阴影闪转腾挪。随后，火光消失，恍如那些万年前的始祖，恍如所有的生灵，恍如物质世界。

在相对的世界里渴求绝对

多年来，我常和夫人去缅因州的一个岛上度夏。这个岛不大，只有约12公顷，没有桥梁或渡轮连接大陆，所以岛上的六户人家都各有小船。我们这些人一开始也并不都是航海家，但久而久之，也不得已学会了开船。夜里驾船上岛是最有挑战性的，陆地一旦化成了远处的淡影，就只好靠罗盘来指引航向，或是凭借微弱的灯标来躲开岩石、避免迷路。即便如此，我们当中的一些人依然会冒险在夜间渡海。

我要讲的故事发生在一个特别的夏夜，凌晨时分，我刚刚绕到岛的南端，小心翼翼地驶向我家的码头。除了我，海面上空无一人。那是个无月之夜，静得出奇。我唯一能听到的就是引擎轻柔的拍浪声。陆地上让人分神的灯火渐行渐远，只余空中闪烁的星辰。机会难得，我关掉了航行灯，夜色愈发昏沉。我随即又关掉了引擎，卧于船上，举目仰眺。在海上遥望漆黑的夜空，这体验神秘无比。不消几分钟，我的世界便融入了星光灿烂的苍穹。船消失了，我的身体也消失了。我发现自己坠入了无限之境，一种我从未体会过的感觉涌上心头，也许这就是芬德歌姆岩洞的远古先人们体会过的那种感觉吧。我觉得自己和群星间有一种难以抗拒的羁绊，仿佛我就是其中之一。浩渺的时间长河——从我出生之前的久远过去一直延伸到我身后的遥远未来——此时似乎也被压缩成了一个小点。我觉得自己不仅与群星相通，也连接了自然万物和整个宇宙。我感觉自己和某个远大于我的东西融为了一体，这是一种壮阔而永恒的统一,一种绝对之物的征象。过了一会儿，我坐起身来，重启引擎。究竟躺在那儿仰望了多久，我一点也不知道。

我做过多年的物理学家，一直秉持着一种纯粹的科学世界观。我的意思是，宇宙是由物质构成的，仅此而已，宇宙只受少数几种基本力和法则的支配，世上所有的复合物最终都会解体，还原为组成它们的基本构件，人类和群星都无法幸免。我还在十二三岁的时候，便被世界的逻辑和物质性所折服。我当时打造了一个自己的实验室，里头摆满了试管、培养皿、本生灯[①]、电阻器、电容器，还有电线线圈。在有些实验项目里，我会把垂钓用的坠子系在细绳的末端，做成一个钟摆。我在《大众科学》（*Popular Science*）或者类似的杂志上读到过，钟摆完整摆动一次的时长与吊绳长度的平方根成正比。我用秒表和尺子验证了这条奇妙的定律。无非是逻辑和模式，原因与结果。就我所知，万事万物都可以接受数值分析和定量试验。我觉得没理由相信上帝，也没理由相信任何无法证明的假设。

然而时移世易，有了在那艘船上的体验之后，我了悟了《吠陀经》中帝释天第一次喝下苏摩神酒后得见众神之光

① 本生灯：一种以煤气为燃料的加热器具。——译注（本书脚注均为译注，尾注均为原注）

的感受。[1]我领会了“绝对”（Absolutes）[2]的强大诱惑力——所谓“绝对”，也就是那些包罗万象、不可更易、永恒、神圣而又超凡的事物。与此同时，我还是一名科学家，这也许有些自相矛盾，但我依然执着于物质世界。

每一个时代的每一种人类文明都会有某种“绝对”的概念。事实上，我们可以把很多概念和实体都归于“绝对”这一主题之下：（在任何情况下都有效的）绝对真理、绝对的善、各种恒常性、确定性、宇宙统一性、不变的自然法则、不可摧毁的物质、永恒性、长久性、不朽的灵魂、神。一位哲学家朋友告诉我，对他和其他哲学家来说，“绝对”这个词意为“终极现实”。我想换种方式来使用这个词。不管这终极现实到底是什么，它都有可能包括坚不可摧的实体、绝对真理、

---

① 帝释天：又名因陀罗，本为印度教神明，司职雷电与战斗，后为佛教护法神。苏摩神酒有神奇的功效，能使帝释天气力充沛，享受到天上欢愉；也能使他英勇奋发，挥动武器降魔杀敌，无有阻碍。参见巫白慧：《吠陀经和奥义书》。

② 在形而上学中，“绝对”作为一个专门术语，是指终极的、不变的、主宰性的以及包罗万象的单一实体。参见《西方哲学英汉对照辞典》的“Absolute, The”词条。

全知全能的存在等等，或者也可能跟这些毫不相干。

我虽给诸种概念都打上了“绝对”的标签，但它们显然是千差万别的。其中有的涉及物质，有的关乎无形的本质或抽象的观念，可它们又共享了一些永恒不变、无所不在的完美品质。它们都能提供一个持久而牢固的参照点，让我们站稳脚跟，并引导我们度过短暂的人生。虽然“绝对”常与宗教相联，但除了不朽的灵魂和神明之外，没有一种“绝对”必然是宗教观念。有些人会称之为精神理念。很多“绝对”都植根于个人经验，但它们牵涉的信仰又超出了这种经验。

“绝对”有一个迷人的特质，其实也是个决定性的特质，那就是它无法从我们身处的物质世界之内通达。要从相对真理通向绝对真理，或是从漫长的时间通向永恒，又或是从有限的智慧通向神的无限智慧，没有循序渐进的道路可走。无限并不仅仅是更多的有限。事实上，“绝对”的不可企及性也许就是其诱惑力的一个部分。

最后，“绝对”的信条既未得到证实，也无法得到证实，用科学方法可以证明原子的存在或钟摆定律，但证明不了

“绝对”。不可证明性是一切“绝对”的核心特征。然而，我并不需要什么证据来证明我在缅因州那个夏夜仰望星空时的感受。这是一种纯粹的个人体验，其有效性和力量都依存于体验本身。科学可以通过外部世界的实验来了解事物。对“绝对”的信仰则源自内在体验，有时也出自所受的教育和文化赋予的权威。

“绝对”让我们感到安心。身为不完美的生灵，我们也可以想象完美。为了追寻意义，以及最美好的生活方式，我们可以借助那些无可辩驳的戒律和原则。在物质层面，人必有一死，但我们也可以从自身超凡灵魂的永存中获得慰藉；对于芬德歌姆岩洞的远古先人来说，这种慰藉也可以从持续的狩猎和别样的生活中找到。柏拉图在《理想国》中讨论了绝对正义。[1]亚里士多德用土、水、火、气解释了地上所有物质的构成——但他也为天体保留了第五种元素，那就是不可摧毁的神圣以太。佛陀在第一次讲道时就教授了四圣谛①。圣奥古斯丁将绝对真理归于上帝。[2]艾萨克·牛

① 谛：源自梵文，意为真理。四圣谛是指佛教的四大真理：苦、集、灭、道。

顿在对绝对空间①的信念中，为自己的普遍运动定律找到了一个合适的脚手架，这一绝对空间“在本质上与任何外物无关，始终处于相似且不可移动的状态”。[3]无法通达的“绝对”或许还会被看成是我们的终极目标，是我们所能想象的最美好的事物。如诗人卡瓦菲斯（C. P. Cavafy）所说：“最美妙的音乐就是不能演奏的［音乐］②。”[4]

从古至今，各种“绝对”都与物质世界中的物体脱不了干系。在乌纳斯金字塔③中发现的古埃及石文就曾提到，死去的法老将通过两颗名为“坚不可摧”（kihemu-sek）的明亮的北天恒星进入天堂。时人显然认为恒星具有某种永恒性，并将其与人的永生联结了起来。柏拉图没有那么精英主义，他选择将星辰作为所有道德高尚的人在大地上短暂寄居后的最终归宿：“造物主创造了［宇宙］之后，就将整个混合体分割成了数量与群星相等的灵魂，并将每个灵魂分配到一颗星上……在约定时间内活得恰如其分的人便会

① 绝对空间是牛顿创立的稳衡体系，其中动者恒动，静者恒静。

② 引文中的方括号系作者插入的补充内容，而非引文原始内容。下同。

③ 乌纳斯金字塔（Pyramid of Unas）：埃及第五王朝法老乌纳斯的陵墓。

回来，居于他的故乡之星上。”[5]对于古埃及人、古希腊人以及其后的众多文明来说，天堂、神、永生和有形的星辰都是相互关联的。

另一个例子是原子，这个微小而坚不可摧的物质单元是古希腊人最先提出的，他们称之为“Primordia”，或者“atomos”。这种假设的原子无法再分为更小的部分。作为物质中最小的组件，原子有助于统合万物。原子意味着不可摧毁、不可分割，以及整全性（unity）。显然，靠古希腊人的技术，原子是看不到的，但它们还是被当作物质形式而存在。

当今世界，对各种“绝对”的信念依然生气勃勃。皮尤研究中心（Pew Research Center）对35 000名成年人展开的一项新的民意调查显示，有89%的美国人相信上帝，74%的美国人相信来生——或者说相信某种形式的永生。[6]巴纳集团（Barna Group）是一家从事宗教和文化研究的机构，该机构在此前的一项调查中发现，美国有50%的基督徒都相信某种形式的绝对真理，还有25%的非基督徒也是如此。[7]世界各地的佛教徒都信奉四圣谛。印度教徒则崇拜梵天①——永恒和绝对真理的化身。对于物质层面所表现出的“绝对”，人们的信念也不遑多让。2014年盖洛普（Gallup）的一项调查发现，42%的美国人都相信物种的恒定性，尤其相信人类在地球诞生之初就被造成了如今的模样。[8]

在过去的几个世纪里，尤其是最近几十年，很多“绝对”都受到了科学发现的挑战。物质世界中似乎没有什么东西是持存（constant）或永恒的。恒星会燃尽，原子会解体，物种在演化，运动是相对的。甚至有可能存在其他宇宙，很多没有生命的宇宙。整全性已经让位于多样性。我说“绝对”受到了挑战，而非被证伪，那是因为“绝对”的观念无法被证伪，就像它们无法被证实一样。“绝对”是理想、实体，也是对物质世界之外事物的信仰。不论真假，它们都不可验证。

至于科学，它的领地仅限于物质世界。对于超然世外的信仰，比如神、灵魂，或者绝对真理和绝对善的观念，

---

① 梵天：印度教的创造之神。

科学并没什么特殊权威性。在某种程度上，各种“绝对”与物质世界的各个方面确有关联，然而它们也受到了科学的质疑。新的科学证据与人类学家和社会学家的发现是一致的，这表明人类社会中并不存在绝对。从所有物理学和社会学的证据来看，这个世界的运转似乎并不是基于绝对，而是基于相对、环境、变化、无常和多样性。没有什么是牢固的，一切都变动不居。

在审美和文化上，我们早就习惯了没有绝对标准，也就是说我们或多或少地接受了审美和文化的相对主义，以及对环境的依赖。在物理科学领域，“绝对”也受到了最为严峻的考验。我在此先大略地列出一些证据，详情容后再述。

其中一个说法可能始于17世纪，当时人们勉强接受了地球并不像看起来那样固定不动，而是在绕地轴自转，同时绕太阳公转。19世纪50年代，有人观察到单摆的摆动平面会缓慢转动，从而证实了这个说法。在华盛顿特区的美国国家历史博物馆，你就可以看到这么一个名为傅科摆的单摆。一个约109千克的黄铜摆锤挂在两层楼高的钢缆上来回摆动。当它的摆动平面缓慢旋转时，摆锤会把周围的一圈红色短桩逐个击倒。根据物理法则，摆动平面在空间中应保持不变。因此，转动的一定是地球，而不是摆。

从地球来到天空，不断进步的天文学证明了一点：那些曾经是已故法老之归宿的永恒星辰，最终也会耗尽其有限的核燃料并走向寂灭。在微观层面：19世纪末和20世纪初的科学家们发现，曾经不可再分的原子也可以分裂，由此揭示了其内部更小的部分。大约在同一时期，爱因斯坦的相对论则推翻了绝对静止状态这个颇具感染力的想法。爱因斯坦的相对论还提出了一个让人心慌的命题：即使是时间的流逝也并不像看起来那样是绝对的，而是要取决于时钟的相对运动。

最后是宇宙学的发现。20世纪20年代末的天文学家们发现，宇宙作为一个整体，并不是千百年来人们一直认定的那样，像一座宏伟而不变的大教堂。相反，宇宙正在膨胀和伸展，就像一个正在充气的巨型气球，所有星系都在相互飞离。最前沿的现代科学成果表明，我们的宇宙起源于约140亿年前的一个超高密度的小球。最近，物理学家们还提出，连我们的宇宙都有可能不是一个独一的整体，或者一个统一体，而只是众多宇宙之一，亦即“多重宇宙”之一——每个宇宙都有不同的属性，其中很多可能都没有生命。

一方面，各种发现接连问世，这值得庆祝。实际上，几十年前，爱因斯坦相对论的奇观和宇宙大爆炸的构想正是推动我走向科学的引擎。我们这些感官有限、寿命短暂的小小人类，被困于太空中的一颗行星之上，却能揭示如此多的自然法则，这难道不是我们心智的证明吗？但另一方面，我们并没有发现“绝对”的物证。恰恰相反，所有的新发现都表明，我们生活在一个多样的、相对的、变化无常的世界里。在物质领域，什么都无法持存，没有什么是永恒的，没有什么是不可分的。即使是20世纪发现的亚原子粒子，现在也被认为是由能量更小的“弦”构成的，这是亚原子“俄罗斯套娃”的持续递归。没有什么是整全的，没有什么是坚不可摧的，也没有什么是静止的。如果物质世界是一部审视善恶的小说，那它也不会有狄更斯的清晰笔调，而只会是陀思妥耶夫斯基的模棱两可。

“绝对”和我所谓的“相对”（即现代科学所发现的相对

性、无常性和多样性）的分类并没有将非科学家和科学家彻底区隔。个别人可能会同时笃信“绝对”和“相对”的某些要素，我自己对这两个范畴的定义都非常宽泛，所以现状如此也是可想而知。举几个例子吧，莱斯大学社会学家伊莱恩·埃克隆（Elaine Howard Ecklund）最近的一项研究发现，顶尖大学里有25%的科学家相信神的存在，这群人肯定是信奉大多数的“相对”的。（在总人口中，信神者大约占90%）[9]小说家和宗教思想家玛丽莲·鲁宾孙（Marilynne Robinson）是上帝的虔诚信徒，但她的书都是以20世纪中期的爱达荷州为背景，充满了现代（和相对）世界中的道德复杂性和不确定性。物理学家史蒂文·温伯格（Steven Weinberg）是一名无神论者，但他相信一种自然的“终极理论”，认为那是完美的、无需更改的。

同理，这些分类也没有将宗教和科学彻底区分开。虽然我们的宗教传统纳入了大多数的“绝对”，但也不无例外。比如，佛教的一个基本信仰就是无常。犹太教的重建派①也

① 重建派：犹太教的一个分支，强调并鼓励犹太教和犹太人不断发展与变化。

相信世界在不断变化，还认为上帝并不是全能的存在，而只是允许人类实现其最高愿景的自然过程的总和。

虽有这些例外，我们还是可以将“绝对”和“相对”看成是一个巨大的框架，借此来审视宗教与科学，或灵性与科学之间的对话。不过我觉得还应该更深入地探讨这些问题，深入到人之存在的二元性与复杂性之中。我们是理想主义者，也是现实主义者；我们是梦想者，也是建设者；我们是体验者，也是实验者。我们渴求确定，但我们自身却充满了类似《蒙娜丽莎》和《易经》般的模棱两可。我们自己也是这世间阴阳的一分子。我们对“绝对”的渴望，连同我们对物质世界的投入，都体现了我们理解宇宙和自身时所不可回避的一种张力。故而，这至少能引领我们去考察物质世界和所谓的精神世界之间的异同。我自己也经历过这段焦心的旅程。这是一条曲折而艰难的道路，边界时而清晰可见，时而又隐于薄雾之中。这还是一段不乏矛盾的旅程，我有时甚至会在这些纸页间自相龃龉，摆向何方只取决于此刻是哪股力量在压迫着我。我是一名科学家，并非系在绳上的摆锤。

物　质

我是在美国内陆城市孟菲斯长大的，在七八岁的时候，我去迈阿密看望祖父母，在他们那栋海滨小屋里住了一个星期。在一个漆黑无月的夜晚，我坐在埠头上，大概是出于童心，我抓起了一根棍子，搅动着脚下的海水，然后惊奇地发现了水中微闪的光。在我心目中，海洋早已是神秘的所在，那变幻的色彩，延伸到天际的无垠的灰色水面，还有一波接一波的浪头，就像某种沉睡的大型动物的呼吸。但这种在海水里闪烁的光却别有一种魔力。我的想象力登时迸发了。那是仙尘吗？是某种星系的能量吗？海面下还蕴藏着什么秘密和力量？兴奋之余，我跑进屋里，强扯着祖父母来见证这一发现。我再一次用“魔杖”搅动水面，奇景又出现了，那是纯粹的“魔法”。我往玻璃瓶里舀了些“超自然”液体，带回屋准备仔细检查。我也不确定自己想要找到些什么。在水稳定下来之后，我发现了一些漂浮其间的微小有机体。在昏暗的房间里，它们就像萤火虫一样发着微光。我把它们置于掌中，手感有点粗糙。我很失望，原来这“魔法”只是水里的小虫子。

现在是6月底，我在缅因州的小岛上闲逛。此前我一直在思考世界的物质性，而今天，我只想体验这岛上的丰饶。我用手拂过一棵云杉的毛糙树枝，感受着莽撞带来的刺痛。我赤脚踏入海绵似的苔藓里。礁石上满是蚌壳，慧黠的海鸥会从空中扔下它们，企图将它们砸开，好享用其中的美食。即使顶着日头，那些贝壳摸起来也光滑而凉爽。这个小岛位于卡斯科湾（Casco Bay），形似手指，大概八百米长，百来米宽。一条海拔约30米的山梁，卧伏于岛屿的脊背，高高隆起，我家就在这山梁的北端。南边还有五栋小屋，彼此都掩映于茂密的树丛之间——大部分是云杉，也有松树、雪松和杨树，它们的叶子在风中乱舞，听来就像掌声。这个岛名为“鲁特琴岛”[1]——这名字其实是我私下所取，源于此地的天籁之声，本地的地图上肯定找不到。

就像梭罗曾游遍康科德[2]一样，我也饱览了鲁特琴岛的远近风光。我认识每一棵雪松和杨树，每一丛海滩玫瑰，每一片蓝莓丛、树莓刺丛，每一株绣球花的木茎，以及所有的苔藓堆。苔藓软绵细柔，我今天散步时还触碰过它们。树莓的酸香则与咸湿的海风相交融。今天一大早，一团浓雾笼罩了全岛，我觉得自己就像坐在一艘漂浮于外太空——一片白色的太空——的宇宙飞船里。可这一团由微不可见的水滴构成的超现实雾气最终还是蒸发消散了。一切都是物质，即便这神奇的雾也概莫能外，和我儿时第一次看到的生物荧光一样。它们全都是原子和分子。

世界的物质性是一个事实，但事实解释不了体验。闪烁的海水、雾气、落日、星辰，全都是物质。壮丽如斯，让我们很难接受它们仅仅只是物质，就好比一个开着凯迪

① 鲁特琴（Lute）：一种曲颈弦乐器。
② 康科德（Concord）：梭罗的家乡，瓦尔登湖即在此地。

拉克的人自称钱包里只有一美元。不消说，肯定不止这点钱。埃米莉·狄更生（Emily Dickinson）写道："自然，就是我们眼前所见/山丘——午后/松鼠——日食——熊蜂/不——自然就是天国。"[1]在最后一行，诗人从有限跃至无限，跨入了绝对之境。这几乎就像是自豪的大自然想让我们相信天国：一种超越了自然本身的、神圣的、非物质的存在。换言之，自然在诱使我们相信超自然。但话说回来，大自然也赋予了我们硕大的大脑，让我们能够造出显微镜和望远镜，最终使我们当中的一些人断定一切都只是原子和分子。这是个悖论。

在我看来，人体是物质世界中最神奇、最难以捉摸的事物。意识、思想、情感以及强烈的"我执"——这么精妙且不可言喻的体验，怎么可能仅仅是神经元之间频繁的电流和化学流导致的结果？神经元本身难道不就是原子和分子吗？我常被这个谜团搅得哑口无言。当然，在原始海洋中活动的第一批单细胞生物并没有意识或思想。这些特性显然是随着复杂性的增加和自然选择而出现的。正如达尔文在其巨著中写下的结语："无数至美至奇的生命都始于如此简单的形式，而且始终处于演化之中。”[2]至美至奇，没错，但全都是物质，生物学家们如是说。

几年前，我做了一次没有全麻的结肠镜检查，在电脑屏幕上，我看到了自己结肠内部的各个部分。我吓到了。数字化的细节展现了我体内深处的情景，这片领地在我心中曾是一座幽邃的禁庙，脆弱而隐秘，履行着维持我生命的玄奥职责。当然，这个神秘之所与外界是分隔的，它也一直很贴心地躲避着我的双眼和头脑的直接省视。但此时它就在我眼前，再无任何幻想。我震惊于这平庸的肉体，震惊于那些像果冻一样颤抖的胶质膜，颜色发白，凹凸不平，蜿蜒曲折。我觉得自己就像是这副皮囊里的非法入侵者，我的结肠不过是些物质，我也只是物质。至少我是这么看的。我在理智上明白这一点，但内心仍有些反感。

显然，反感的人还有不少。生物学上有一场持续了几个世纪的争论，甚至至今在某些方面都没有彻底终结——涉及生物是否具有某些非生命物质所没有的特殊性质，是否存在某些与生命，特别是智能生命相关的非物质要素或性灵。论辩双方被称为“生机论者”和“机械论者”。机械论者认为，生物只是由众多微小的滑轮和杠杆、化学物质和电流构成，而这一切都要遵循已知的化学、物理学和生物学定律。生机论者则认为，生命具有一种特殊的性质——某种非物质的、精神性的或超验的力量，使得一堆杂乱无章的细胞组织和化学物质能与生命共振。这种超验的力量绝非物理学所能解释。有人称之为魂魄。古希腊人称之为“普纽玛”(pneuma)，意为“呼吸”或“风”。在《圣经》里，这个词的意思是“灵”，比如“我实实在在地告诉你，人若不是从水和圣灵生的，就不能进神的国”。[①][3]还有中国传统中的气，以及印度人所说的“普拉纳”(prana)。在这些文化中，这种超验的无形能量或“普纽玛”皆与生命的魔力紧密相联。“普纽玛”就这么舒服地躺在“绝对”之家中休憩。

生机论者和机械论者的争论是著名的“心身问题”的一个变体：在有生命（和智能）的造物中，有没有一种——不能被还原为大脑的黏性组织和神经的——名为“心灵”的

① 本书《圣经》内容的中译均引自和合本《圣经》。

非物质的东西?

古希腊和古罗马的“原子论者”自然属于机械论者，比如德谟克利特和卢克莱修，他们认为一切均由且仅由原子构成。斯宾诺莎也是机械论者。柏拉图和亚里士多德则是生机论者，他们相信一种理想化的“目的因”①，正是这种精神性大过物质性的因素在促使胚细胞向成体发育。众所周知，勒内·笛卡尔也阐明了无形的心灵和有形的身体之间的区隔，他提出，每个人身上都有一个无形的灵魂在与松果腺②中的物质相互作用。笛卡尔是一名生机论者。伟大的化学家贝采利乌斯也是如此，他是19世纪中叶最权威的化学教科书《化学教程》(*Lärbok i kemien*)的作者。贝采利乌斯简要地表达了他的观点:“在生物界中，元素似乎遵循着完全不同于无生命界的规律。”[4]

对许多生机论者来说，“普纽玛”虽是不可见的、非物质性的，但它担负了供应身体所需能量的职责。在这方面，

① 目的因：亚里士多德的“四因”之一，意为事物存在的终极目的和原因。
② 松果腺(pineal gland)：脊椎动物间脑顶部的一种小的松果样内分泌腺。

生机论者发现他们已不可避免地踏上了物质的土地。能量是物质性的。自19世纪中叶以来，能量的概念一直都从属于科学。科学知道怎样量化动能、热能、引力能、分子和化学键[①]的能量，以及物质世界中的所有其他能量。科学知道怎样将能量分割成“焦耳”“尔格”和“英尺磅”这样的单位。科学知道怎样将每一次摆臂、每一次呼吸、每一滴汗珠记在一份整齐的计数表格之中。

19世纪末，德国生理学家阿道夫·菲克（Adolf Eugen Fick）和马克斯·鲁布纳（Max Rubner）就曾如此研究过人体。他们列出了维持体温、肌肉收缩、消化和其他身体活动所需的能量，并将它们与食物中储存的化学能进行了比较。算出了每克脂肪、碳水化合物和蛋白质相当于多少单位的能量。做完算术后，两位生理学家放下了削尖的铅笔，宣布生物消耗的能量与其摄入的食物能量完全相等——这不仅是机械论者的胜利，也是能量守恒定律的胜利。

---

① 化学键：纯净物分子内或晶体内相邻两个或多个原子（或离子）间强烈的相互作用力的统称。

尽管如此，很多人仍不满意。一个人的身体可以化归成那么多的螺旋弹簧、运动的球、砝码和悬臂，这种想法让很多人都无法接受。我的一个好朋友、孟菲斯的一位杰出的拉比最近跟我说："我没法相信我们只是肉体。我们有灵魂。但我们不是有灵魂的肉体。我们是有肉体的灵魂。"[5]大多数宗教领袖都会赞成这种看法。在宗教界之外，还有一整块名为"能量疗法"的替代性医学领域，包括灵气疗法、气功和"生物场"医学，它们都声称可以调动身体中的隐藏能量来治病。

玛丽莲·鲁宾孙近年来犀利地阐述了另一种观点，那就是认同身体和灵魂的存在，但拒绝在这二者间作出物质和非物质的区分。（鲁宾孙的看法其实不止于此，她认为对物质世界和非物质世界的区分可能是误入了歧途。）她劝我们承认一点，物质的大脑"有能力做出此等崇高而惊人的壮举，因而其表征也就被赋予了心灵、灵魂和精神之名"。[6]

对身体物质性的最为非凡而生动的证明，就是工业品和机器取代了自然的身体部位。时至今日，我们已经有了人造手、人造腿、人造肺，以及人造肾脏和心脏。2001年7月，科罗拉多州一个电话公司的员工罗伯特·图尔斯（Robert Tools）因病情危急而接受了一次心脏移植手术，换上了世界上第一颗自给自足的人造心脏。术后，图尔斯存活了151天。置于他体内的这台机器名为阿比奥科（AbioCor）人造心脏，重约900克，甜瓜大小，由半透明的塑料和金属制成，看起来就像是一团拼接角度相当古怪的汽车发动机气缸。血液会在液压泵的强压下穿过这些气缸，并由一个内部的微处理器来计时。电线一直向下延伸至腹部，那儿植入了一台微型电脑和一块锂电池。这块体内电池可以远程充电，所以无需再用电线或插管穿透皮肤。图尔斯初愈时就谈到了胸腔里的这个东西："感觉它比心脏重一点……最大的区别就是要习惯没有心跳……我能听到一种呼呼的声音。"[7]

加州理工学院的科学家们最近在一名32岁的高位瘫痪患者埃里克·索尔托（Erik Sorto）的大脑中植入了两块电脑芯片。[8]芯片的输出端与一台电脑相连，电脑可以破译其电活动模式，然后再传输给一只机械臂。当索尔托先生口渴时，只要想着去拿杯水，他大脑中的芯片就能察觉到他的欲望，并把这个想法转发给电脑，然后机械臂就会抓起一杯水送到他嘴边。这全都是物质。

在鲁特琴岛，我家南面有一段和缓的山肩，那是我在岛上最喜欢的地方，此时我就光着脚在这儿踱步。云杉树掩住了半边天，但阳光还是从林荫间渗了下来，洒得满目皆是。地上盖着一层厚厚的绿色苔藓垫子，我一躺下，它就会顺势凹成我身体的形状。我抬头看着树影间的片片蓝白，聆听着天边海鸥和鱼鹰的啼叫，以及远处汽艇的柔和嗡声。只要我们去听，这岛上总是有音乐。连番拍打岸边的海浪会发出瀑布般的声响，有时是很规律的节奏，有时则是二重奏、三重奏和不落俗套的切分音[①]——这都与鸟儿的琶音和滑音[②]形成了对比。我躺在苔藓床上，听着这些音符，不觉间便会悠然睡去。

虽然我家的房子就是栋避暑别墅，不大能御寒，但我偶尔也会在冬天冒险来岛上短暂地游历一番。鲁特琴岛和

① 切分音：一种改变乐曲中强弱规律的音调。

② 琶音是指从低到高或从高到低依次连续奏出的一串和弦音。滑音是指向上或向下滑的装饰音。

大陆间无路无桥，我的船在入冬前也会封存，所以我不得不找大陆上的人借艘小艇，在卡斯科湾的浮冰间航行，然后停靠在礁石嶙峋的海岸边。冬日里，鲁特琴岛就是一座裹了白衣的德国歌剧院，白色的包厢和栏杆、铺了白毯的门厅、白色的旋转楼梯、白色的镶边天花板。树木都像是斯托本玻璃公司的昂贵陈列品，根根枝丫都套上了透明的水晶袖子。每有海风吹过，这片玻璃森林便会发出高亢的哀鸣。若有新鲜的雪毯覆于地面，那看来就像是一层略微泛蓝的棉花。若是雪融后重新冻结成冰，那么你走出的每一步听来都像是在踩踏玻璃碎渣，那是冰晶破裂的声音。一切都华美动人，一切都是普通的物质。

邻居们很少会在隆冬上岛。雪都是原封未动的，我的足迹是这片白色天地间唯一的污痕，除此之外就只有偶现的鹿的踪迹。岛上有一处我最钟爱的地方，就是我家南面那段和缓的山肩，我偶尔会寻路过去，躺在雪地里，仰望着冰雪林木间的蓝白交错。如果正在下雪，那么每一片六边形的雪花都逃不出我的法眼，这奇妙的对称是氢原子和氧原子在量子物理的芭蕾剧中结合后所形成的。大自然负责编舞，原子和分子出演，我就坐在这座德国歌剧院的雅座上为之鼓掌。可要看的东西太多了。我不得不起身，踱向远处的雪野。在冬日的鲁特琴岛跋涉，我感觉自己就像个北极探险家。

真正的北极探险家罗伯特·皮尔里（Robert Edwin Peary）曾住在离此不远的另一个小岛——鹰岛（Eagle Island），面积差不多是鲁特琴岛的一半。夏日里，我会驾船去皮尔里的岛上旅行。他在1881年买下该岛，在那儿建了一座气派的房子，这座房子傲立于一片石丘之上，俯瞰着开阔的海洋。皮尔里是在1911年退休后来到鹰岛的，那是他发现北极点的两年后。（近代史学家如今都认为，皮尔里实际上并没有真正到达北极点，但距离北极点也不到100千米了。）在皮尔里家中，你可以看到他的防滑钉鞋、雪衣和其他装备，还有一些照片和信件。这房子里有股旧书和亚麻籽油的味道。皮尔里的日记都记在一种蓝格纸上，字体是种从左上向右下倾斜的手写体。他也注意到了冰雪的物质性。1909年4月6日，也就是皮尔里宣布到达极点的那天，他在日记里写道：[9]

阴天……天空被浓稠死寂的灰色笼罩着，地平线上几乎全黑，+冰面透着可怕的惨白，没有消融的迹象。就像冰冠，+就是画家会描绘的那种极地冰景。这与我们前四天旅程中的阳光普照的旷野形成了鲜明对比，碧蓝的天穹+太阳的照耀+满月。进展比以往任何时候都要好，去年夏天那种坚硬的颗粒状老浮冰上几乎没有积雪，蓝色的湖泊变大了。气温上升到了-15°[①]，减少了25%的雪橇摩擦力+让狗儿们显得尤其团结。

此后：

终于到极点了！！！三国大奖到手了，我这23年的梦想+抱负啊。终于是我的了。我简直不敢相信。一切看来都这么简单+地方也很普通……

① 此处为华氏度，约为零下26摄氏度。

我试着想象他站在地球极点这个“普通地方”的体验。（虽然皮尔里并没有到达精确的极点）我看到自己就栖身于太空中的一个闪亮球体之上，它正绕着一个假想的中轴自转，这条轴从内部延伸出来，刺破了冰层，而我恰好就站在这个破冰点上。除了此处和另一极点外，地球上的所有地点都在运动，可我却岿然不动。你可以说我在这里是静止的。我相对于地球的中心是静止的。但这个中心本身却在运动。我站在这里时，这个中心正以约10.7万千米/时的速度围绕其星系中心的恒星飞速转动，而这颗恒星也在以约80万千米/时的速度围绕银河系的中心转动。我知道的是太多了还是太少了？像那些穴居人一样，我仰望着太空，被这无限惊得动弹不得。无限虽触不可及，我却感觉身在其间。这个既静且动的极点实在是观察宇宙的绝佳之地。

蜂　鸟

一年夏天，有两三只蜂鸟绕着我家南边阳台上的喂食器飞来飞去。我静静地从后窗看着，生怕把它们吓跑了。这些小鸟看起来就像在藐视引力。它们悬停于空中，漂浮着。它们是“空气里的空气”，巴勃罗·聂鲁达（Pablo Neruda）如此说道。[1]它们有着绚蓝的脑袋、宝石红的咽颈、淡绿和藏红花色相间的多彩身躯以及橙色的尾巴，它们是画家的点染，是世界这块画布上飞溅的色彩。你看不出它们翅膀的颜色，因为它们每秒来回拍打50次。为了给这种代谢率几乎冠绝所有动物的“引擎”供氧，蜂鸟的心率要达到惊人的1300次/分。单位体重的耗氧量是人类顶尖运动员的10倍。

实际上，你可以通过基础物理学和生物学计算出蜂鸟身体的很多设计上的规格。蜂鸟可以悬停于半空，从美味的花朵中吸蜜，并以此为生。它必须以多快的速度拍动翅膀才能完成这种杂技般的壮举呢？慢动作视频显示，它们的翅膀是以旋转的方式运动，每一圈都会改变姿势和角度。如果你想让这只小鸟所产生的气动升力支撑其体重，那么其翼尖就必须以大约1500厘米/秒的速度移动。正如我们观察到的那样，这相当于50次/秒左右的拍打速度。

你还可以算出它所需的心率。人类能以大约4次/秒的速度拍打“翅膀”，也就是手臂。（我在麻省理工学院的学生面前亲自证实了这个结论，他们看傻了。）一个正在锻炼的人的心率约为125次/分，而一只每秒要拍打50次翅膀的蜂鸟所需的心率则应是人的12.5倍（50÷4），即1600次/分（125×12.5）左右。[2]这和我们观察到的次数非常接近。这都是科学问题，就像单摆的摆动一样，全都是物质。不过当我看着这些悬浮在空中的鸟儿时，我不会去想什么数字或引力，我只是看着，并对此叹服不已。

群　星

天不是笼盖于上？

地不是安卧于下？

永恒的星辰不是眨着眼，高升于空？

——歌德《浮士德》[1]

我手头有一本小书，名为《星空信使》，作者是意大利数学家和科学家伽利略·伽利雷，著于1610年。[2]该书首印550本，有150本留存至今。佳士得拍卖行几年前给这批首版书估过价，每本价格都在60万到80万美元之间。我这本是1989年付印的平装版，价格差不多是12美元。

《星空信使》在科学史上所获的赞誉虽不及牛顿的《自

然哲学的数学原理》或达尔文的《物种起源》，但我还是认为这本书是出版史上最有影响力的科学著作之一。在这本小书里，伽利略公布了他用自己的新望远镜观天时看到的景象，他认为有充分的证据表明天体是由普通物质构成的，就像鲁特琴岛冬季的寒冰一样。其结果是引发了一场有关天地分离的思想革命、一场物质世界疆域的惊人扩张和一次针对"绝对"的尖锐挑战。恒星的物质性加上能量守恒定律，决定了恒星必将消亡。天空中的恒星——不朽和永恒的最引人注目的象征——有一天也会寿终正寝。

伽利略生于比萨，长于佛罗伦萨。1592年，他开始在帕多瓦大学（University of Padua）教授数学。由于仅凭教职收入无法承担自己身负的经济责任——不但要抚养情妇跟他生的三个孩子，还得置办姐妹们的嫁妆——他收留了一些寄宿生，还出售了一些科学仪器。16世纪80年代末，他进行了著名的自由落体实验。1609年，45岁的伽利略听说荷兰有人刚发明了一种新的放大仪器。在没有见过这个稀罕物的情况下，他很快就自行设计并造出了一架望远镜，而且比荷兰那款要强好多倍。他似乎是第一个把这东西指向夜空的人。（荷兰人把望远镜称作“侦查镜”，其用途可想而知。）

伽利略自己打磨并抛光了一些透镜。他的第一批望远镜可以把对象放大十几倍左右。这个倍数最后达到了1000倍，能使对象看起来是实际距离的1/30。你可以在佛罗伦萨那座门庭冷落的伽利略博物馆中看到他那些幸存至今的望远镜。他造的第一架望远镜长约92.7厘米，口径约3.8厘米，镜管由木头和皮革制成，一端是凸透镜，另一端是凹透目镜。我最近看过一件复制品。起初，我对其视野之小颇感意外，在这根一臂长的长管的末端只能看到一个硬币大小的光圈，还很黯淡。不过眯眼瞧了一会儿之后，我确实能在这硬币大小的微光里辨认出模糊的影像。我试着把这架原始的望远镜对准约90米外的一栋建筑，然后看到了肉眼看不到的砖块细节。

很难想象伽利略第一次用自己的新仪器仰望星空并凝视那些“天体”的时候会有多么兴奋和惊喜。数个世纪以来，这些“天体”一直被描述为月球、太阳和行星这样的旋转球体。再往外是旋转的水晶天球，承托着群星，而最外层还有一个天球——由上帝之指转动的“原动天”（Primum Mobile）。人们推测这一切都是由以太构成的，即亚里士多德所说的第五元素，它在质料和形式上都完美无缺，弥尔顿在《失乐园》中将其描述为“天国空灵的精粹”（ethereal quintessence of Heaven）。[3]这一切都与上帝的神圣感官合一，然而伽利略却用他的“小管子”实实在在地看到了月球上的陨石坑和太阳上的暗疮。

几个世纪前，圣托马斯·阿奎纳①成功地捏合了亚里士多德的宇宙论和基督教教义，将诸天体的空灵本质和地球在宇宙中心保持静止的观念都纳入其内。（阿奎纳只对亚里士多德的一个观点提出了异议：亚里士多德认为宇宙的寿命是无限的，而基督教认为是有限的。）伽利略在天体上发现的缺陷对教会形成了尖锐的挑战。不过望远镜本身也是一个挑战。伽利略那根长约90厘米的管子是第一批可以扩展人类感官的仪器之一，它展现了一个肉眼和耳朵无法感

---

① 圣托马斯·阿奎纳（Saint Thomas Aquinas，约1225—1274）：中世纪经院哲学家、神学家。

知的世界。这种仪器前所未见，许多人都心存疑虑，质疑它的合法性，乃至这一发现的可信性。有人觉得这个奇怪的管子是一种魔法，不属于此世，就像是1800年的人见到手机一样。伽利略本人虽是一名科学家，但他也并不完全清楚这东西的工作原理。

我们应该还记得，16世纪和17世纪的欧洲人普遍都相信魔法、巫术和妖术。仅在这两个世纪里，就有40 000名疑似巫师的人惨遭凌虐，他们被烧死在火刑柱上，被吊死在绞刑架上，或者被人按在砧板上砍了脑袋，其中大多是女性。1597年，苏格兰国王詹姆斯六世（1603年即位为英格兰国王，称詹姆斯一世）就抱怨说："如今这个国家充斥着对这些可恨的魔鬼的奴仆、女巫或巫师的恐惧。"[4]人们相信巫师可以通过毁坏目标受害者的一缕头发或一片指甲来对其施咒。这个意大利数学家的仪器是不是有点巫术的味道?

另一些人对伽利略用望远镜获得的发现也颇为怀疑，但原因并不在于这些发现散发着黑魔法的"恶臭"，或是与神学教义相悖，而是因为它们挑战了这些人的世界观和哲学信念。帕多瓦大学的亚里士多德哲学教授、伽利略的同事切萨雷·克雷莫尼尼（Cesare Cremonini）就声讨了伽利略关于月球上有陨石坑和太阳上有黑点的说法，但他拒绝用那根“管子”去观。后来有人引述了克雷莫尼尼的话：“我不想赞成我完全不了解的说法，也不想赞成我从没见过的东西……通过那些镜片去观察让我头疼。够了！我一点都不想再搭理这玩意儿了。”[5]伽利略的另一个同代人、比萨大学的亚里士多德哲学教授朱利奥·利布里（Giulio Libri）也拒绝用这根“管子”去窥探。伽利略在给科学家同行约翰尼斯·开普勒（Johannes Kepler）的一封信中回应了这些拒斥：

> 亲爱的开普勒，我想我们可以好好嘲笑一下这帮冥顽不灵的庸众了。对这个学派的主流哲学家们还有什么好说的呢？他们倔得像驴，行星也好，月亮也好，望远镜也好，一概不观不瞧，哪怕我已经特意给了他们一千次机会，让他们免费来看。但真的，这些哲学家就像堵住了耳朵的驴子一样，对真理之光置若罔闻。[6]

伽利略把这本小书献给了第四任托斯卡纳大公、至静者科西莫二世·德·美第奇（Cosimo II De' Medici）。书的扉页上写着："《星空信使》，揭示了宏伟绝妙的景象，并将其展现在众人眼前，尤其值得哲学家和天文学家一阅，其内容由佛罗伦萨贵族、帕多瓦大学公共数学家伽利略·伽利雷凭借其新近设计的侦查镜观测而得……"[7]在这本书中，伽利略用钢笔绘制了自己透过望远镜看到的月球，展现了或明或暗的区域、山谷、丘陵、坑洞、山脊和山脉。他甚至通过月球山脉的阴影长度估算了它们的高度。

他仔细观察了月球上光明和黑暗的分界线，也就是所谓的明暗界线，那条线参差不齐，并非神学信徒心目中完美球体所应有的平滑曲线。伽利略写道："所有人到时都会明白，而且会十分肯定，月球表面绝不是光滑的，而是粗糙不平的，就像地球表面一样，到处都是巨大的丘陵、深坑和褶皱。"[8]他还谈到自己发现了木星的卫星，这更加证明了其他行星与地球相似的说法。换言之，地球不再特别了。这一切都支持了67年前哥白尼的主张，即太阳才是这个行星系的中心，而非地球。这本小书里塞进的新观点实在太多，而且完全没有向亚里士多德或教会致歉的意思。

在《星空信使》出版后的几个月里，伽利略的声名便享誉全欧——原因之一是望远镜不但能用于科研，还具有军事和商业价值。（伽利略在给一位朋友的信中写道，“在威尼斯最高的钟楼上”，你可以“观察到远在天边的帆船正满帆回港，若没有我的侦查镜，你至少要多花两个小时才能看到它们”。[9]）关于这项发明的消息从此便开始在街谈巷议和书信中流传。

伽利略还自称看到了太阳上的黑斑，这对诸天的神圣完美构成了更严峻的挑战。我们现在都知道，这种“太阳黑子”是由太阳外层短暂聚集的磁能造成的。由于是暂时的，所以太阳黑子会时隐时现。1611年，士瓦本（Swabia，德国西南部）的一位杰出的耶稣会数学家克里斯托夫·沙伊纳（Christoph Scheiner）购置了一架新望远镜，进而证实了伽利略所看到的那些在太阳前面移动的黑点。然而，沙伊纳的出发点却是亚里士多德派的一个毋庸置疑的前提，即太阳是完美无瑕的。他由此提出了各种靠不住的论点，来解释为何这种现象不是太阳本身造成的，而是其他绕日运转的行星或卫星所致。

伽利略是一位数学家，这在《星空信使》的扉页里也有提及。人们通常都认为数学存在于一个抽象的、逻辑的世界。数学能帮助学者们计算和预测“真实世界”，但它又不同于这个世界。各种天体系统的反神学模型尤其如此，它们仅仅被视为计算工具，描述的只是表象而非现实。因此，同为计算方法，亚里士多德和托勒密的地心说行星体系与哥白尼的日心说体系完全可以平起平坐，因为它们都能相当准确地描述行星的位置。但前者符合神学和哲学信仰，因而也就被奉为了现实的反映。

在伽利略的观察结果广为人知之时，宗教界对此提出了质疑。1611年3月19日，罗马学院院长、红衣主教罗伯特·贝拉明（Robert Bellarmine）给耶稣会的数学家同僚们写了一封信：

> 我知道阁下们都听说了一位著名数学家所做的最新天文观测……我听到了各种不同意见，所以想确认一下真伪，而你们作为精通数理科学的神父，可以不

费周折地告诉我，这些新发现是有充分的根据，还是只是徒有其表的不实之言。[10]

尽管这些教会数学家对伽利略的发现存在细节上的争议，但仍然一致认定他所看到的景象是真实的。不过，伽利略的观测发现和他对哥白尼日心说的支持还是被当成了对神学信仰发起的一次不可饶恕的攻击。由于冲撞了教会，伽利略这个曾认真考虑过要从事神职的虔诚罗马天主教徒，最终受到了宗教法庭的审判，被迫放弃了自己的大部分天文学主张，并在软禁中度过了余生。

地球不再是宇宙中心这件事就说到这儿吧，我现在想关注的是彼时人们对诸天物质性的最新构想。因为正是这种物质性，即所谓天体的粗鄙，冲击了群星的绝对性。这种降级始于观察到的月球上的坑洞和凹痕。1610年以后，几十位思想家和作家都开始将月球和各个行星看成土壤、空气和水的聚集之地，虽然奇特，但也适合类人生物居住。1630年，约翰尼斯·开普勒——伽利略就是在给他的信中写出了那句“冥顽不灵的庸众”——完成了一部极受欢迎的幻想小说《梦》(*Somnium*)，讲述的是一个男孩和他妈妈穿越太空，来到了名为利瓦尼亚（Levania）的月亮之上，那里山脉更高，山谷更深，一切都比地球上更为极端。利瓦尼亚的高温带栖居着一些生物，它们体型硕大，仅能存活一天。这些生物能游、会飞、善爬，它们的寿命虽短，不足以创建城镇或政府，但也足以让它们找到维生的养料。由于开普勒是一位杰出的科学家，因而其小说颇受知识界重视，在17、18世纪乃至19世纪都有人阅读。

类似的幻想小说还有很多。[11]在诗人塞缪尔·勃特勒（Samuel Butler）的诗作《大象月亮》(*The Elephant Moon,* 1670）中，自鸣得意的绅士科学家们用望远镜观察月球时看到了一场激战，就在交战之际，一头月球大象从一队士兵中猛然跃起，短短几秒就落到了另一队士兵之中（可能是因为月球引力较小而“放飞自我了”)。1698年，荷兰数学家、科学家克里斯蒂安·惠更斯（Christiaan Huyghens）写了一本书，名为《天体世界探索，或关于诸行星世界的居民、植物和物产的猜想》(*The Celestial Worlds Discovered, or Conjectures Concerning the Inhabitants, Plants, and Productions of the Worlds in the Planets*）。这些书和诗都是写给大众的。它们多少让我们了解了17世纪的人是如何将行星视为普通物质的。大象可不会在空灵精粹的圣域里横冲直撞。

但伽利略的发现可能对恒星的性质产生了最深远的影响。意大利哲学家、作家焦尔达诺・布鲁诺（Giordano Bruno）率先提出恒星可能就是太阳。布鲁诺在《论无限宇宙和诸世界》（*On the Infinite Universe and Worlds*, 1584）中写道："可能有无数个世界［地球］都具有相似的条件，无数个太阳或火球都具有相似的性质……"[12]（由于布鲁诺的天文学主张，以及其对另一些天主教信条的否定，他在1600年被送上了火刑柱。）到17世纪初，不少思想家都接受了恒星或许就是太阳的看法。因此，当伽利略将太阳上的瑕疵公之于众时，他的发现对所有恒星都产生了巨大的影响。恒星不再被视为完美之物，组成恒星的不再是某些不同于地球上万物的永恒的、坚不可摧的实体了。太阳和月亮看起来与地球上的其他物质无异。在19世纪的头10年，天文学家已开始用棱镜将恒星的光分解成不同波长的光，以此来分析恒星的化学成分。各异的颜色或许是与发出光的化学元素不同有关。人们发现恒星中含有氢、氦、氧、硅，以及很多地球上常见的元素。恒星不过是物质——一些原子而已。

然而，埃米莉·狄更生却写道："不。"

一旦伽利略和其他人把恒星打回了物质原形，它们这千年的盛世也就快走到尽头了——因为所有物质都得服从能量守恒定律。这一定律是所有自然法则的典范，无论是在其广泛的适用性上，还是在其量化和逻辑的表述上都是如此。就本质而言，这条定律的意思就是能量无法被创造，也无法被毁灭。能量可以从一种形式转变为另一种形式，就像火柴的化学能转化为火焰的光和热一样。但在一个封闭自足的系统中，总能量是保持恒定的。

举个例子来说明这一定律是如何发挥效用的吧。假设你有一个密封的箱子，里面装着一根新火柴，假设火柴头的化学能是3200焦耳。（焦耳是一种常见的能量单位。）现在用某种装置点燃这根火柴。释放的一部分能量变成了光，光在箱子内壁间不断反射，直到被箱内的空气分子吸收，气温由此升高；一部分能量可能会提升箱内水温并产生蒸汽，而这会推动一个活塞，将一个镇纸抬高几厘米。（水、活塞和镇纸都放在这个密闭的箱子里。）火柴已经烧完，但它蕴含的能量并没有消失，可以在箱子里的其他地方找到。如果你测量箱内空气增加的热能和被抬起重物增加的引力能，可知这两者增加的总能量为3200焦耳，恰好是新火柴的能量。始于3200焦耳，终于3200焦耳。这就是能量守恒定律。

关于能量守恒定律，还有一点很重要，那就是内在于这条定律的一个观念——所有能源都是有限的。如果有无限的能源，这一定律就不会奏效。没有天平能称量无限；没有计算器能以表格显示无穷。若有无限的能源，我们的物质世界很可能不会存在。

说回恒星。一颗恒星就像一根巨大的火柴，其内部蕴藏着有限的能量——核能，而非化学能。当多个原子融合到一起并形成更重的原子时，核能就会释放出来。但恒星的核能储备是有限的，就像火柴的化学能储备一样。当恒星“燃烧”自身的核燃料时，能量主要以光的形态释放进太空。想象一下，如果我们把一颗恒星放进一个巨大的箱子里，箱内的总能量保持恒定，但恒星的能量会逐渐转变成箱子里的光，那么所有吸收了这些光的东西的热能和化学能都会增加。

当然，恒星并不会装在什么巨大的箱子里，但这个原理没变。按布鲁诺、伽利略以及后来的科学家们所说，恒星就是物质，其能量有限。恒星会向太空放射能量，不断消耗它们有限的核能。最终，这些珍贵的“星级商品”都会失效，到那时，恒星将会燃尽并没入黑暗。大约50亿年后，我们的太阳也会如此终结。再过1万亿年，所有恒星都会冷却。那时的天空将是一片漆黑，无论昼夜。天上无数的星辰，曾被认为是法老最后的安息之地，以及绝对之永恒、不朽和其他气质的化身，最终也将成为太空中飘零的冰冷余烬。

大自然有时看起来就像画家、哲学家或天国之灵。但说到底，“她”是一位科学家，是可以量化的，还很有逻辑。没有什么比能量守恒定律更能说明“她”对这种逻辑的无情而执着的坚持了。能量不会凭空产生，也不会凭空消失。能量守恒定律是物理学的圣牛[①]。在科学家们想象过的众多不同的宇宙中，其总能量无一不是恒定的。20世纪20年代初，有人在实验中发现某些原子在辐射中释放的能量要小于其本身的能量，一些物理学家坚信能量守恒定律不可违逆，故而猜测存在新的亚原子粒子，认定是这些微不可见、无法探测的粒子偷走了丢失的能量。几年后，这些名为“中微子”的亚原子粒子被人们发现了。“资产负债表”由此做平。

2000年前，古罗马诗人、哲学家卢克莱修曾提出，神施于我们凡人的力量受限于原子的恒定性。他说原子既无法被创造，也无法被毁灭。神不能让物体突然凭空出现或凭空消失，因为万物都由原子组成，而原子的数量是保持不变的。下面这段话出自卢克莱修的史诗《物性论》（*De Rerum Natura*）：

凡人之所以皆有恐惧……只因他们目睹了天地间

① 圣牛：喻指不容置疑的习俗。

> 的诸多事物，又压根瞧不出其中的缘由，便以为这是神力所为。由是之故，一旦发觉没什么东西可以从无到有地创造出来，我们就该立刻从我们所追寻的原理中获得更准确的了悟，无论是万物生成的根源，还是万物生成的方式，都没有神灵的襄助。[13]

卢克莱修所想到的就是一条守恒定律。这位诗人并不知道如何像我们计算箱内的焦耳数那样计算原子数，然而有些东西是恒定的，这种恒定显然给人们提供了巨大的心理安慰和对自然的理解。让神灵和超自然力量去呼风唤雨吧，但即便是他们也无法改变尘世中原子的数量。

依我看，现代的能量守恒定律也提供了一种心理安慰。有了这类定律，自然也就有了理解之途。自然是可以计算的。自然是可以信赖的。如果你知道那根新火柴的初始能量，然后测量加热后的空气所蕴藏的能量，你就能确知那块镇纸会抬升多高。总能量是恒定的。

讽刺的是，我们用一种恒定替换了另一种恒定。我们失去了恒星的恒定，却获得了能量的恒定。前者是一种客观存在，后者则是一种观念。科学家们并不能完全证明封闭系统中的总能量是恒定的，但只要违背这一原理，就肯定会破坏物理学的根基，暗示宇宙是无规则的。宇宙是有规则的，这种看法本身就是一种“绝对”。

在缅因州的小岛上漫步的那天，我还生出了一个念头。在劫难逃的恒星的材料和我终将一朽的身体的材料其实并无不同，都是完全一样的原子。因为所有比氢和氦这两种最轻的元素更重的原子都创生于恒星。在宇宙的幼年，世间只有氢和氦，然后各种气团逐渐收缩成密度更大的气团，进而在自身引力的作用下坍缩成了恒星。在这些恒星中心致密而炽热的核炉中，氢原子和氦原子相融，形成了更大的原子：碳、氧、硅等。最后，其中的一些恒星爆炸，将它们的原子喷入太空，合成了行星。而在行星的原始海洋中，又形成了单细胞有机体。从这些有机体开始……我想到了一个惊人的真相，我若是能在自己身体的每个原子上贴一个小标签，然后穿梭时空，带着它们回到过去，那我肯定会发现这些原子都起源于天空中的各色恒星。它们至今还是当初的模样。

原　子

这是个清爽的夏夜，我们正坐在鲁特琴岛的码头上仰望星空。在我们头顶，银河系那半透明的白色丝带划过天际。我感觉自己坠入了它的深处。落了又落，跻身于群星。我不停地下坠，直入太空，最终脱离了银河。我看到了远方的其他星系，那些发光的螺旋形、风车形和椭圆形的斑点，各自都包含着数十亿颗恒星。我变得更大了，而星系们都缩成了小点。我看到了星系团[①]、超星系团，每一个都只闪现片刻，然后便逐渐远离。我是一个巨人，大步穿过了宇宙的黑暗大

① 星系团：由星系组成的自引力束缚体系，通常尺度在数百万秒差距或数百万光年，包含数百到数千个星系。

厅，我变得越来越大，但宇宙始终更大，天外总是有天。太空在不断扩张，我从未触及它的边缘，无限让我头晕目眩。

然后情况开始反转。我变小了，星系团正在逼近，光点长成了星系。我又看到了螺旋形、风车形和椭圆形的光斑。我不停地缩小。最终，我发现我回到了自己的故乡星系——银河。漫天星辰，缕缕星云，一一浮现于眼前。我继续缩小，飞向银河系外围的一颗特别的恒星，接着是一颗特别的行星，继而是那颗行星上的一片斑驳的棕色海岸。终于，我又坐回海边的那个木坞上。但我还在继续缩小。我落入一片树叶，看到了或绿或蓝的导管、叶脉和脊线、细胞晶格、分子聚合体。然后我看到了单个的原子，个个都裹着一层电场力薄雾。终于见到原子了。早有预言的原子，是流传了无数个世纪的物质单元。这就是我的向内之旅的终点吗？我已经抵达现实中最微小的点了吗？非也，这儿还有更小的东西呢。我落入其中一个原子。我看到了抖动的薄雾和广阔的虚空，继续往下，这空间的核心处出现了一个震颤的致密团块，那是质子和中子，即原子之核。我仍在不停收缩，随后跌入一个质子，状况异常艰险，狂暴的能量几乎挡住了我的视线。亚原子粒子们像幽灵一样凭空出现，又随即消失。我看到了三个模糊的东西，那是夸克。它们是世上最小的点吗？我终于抵达存在之基了吗？非也，还有更小的东西呢。我在一个夸克里继续缩小，能量蒙蔽了我的双眼，已缩小了无数倍的我在辽远处看到了纯能量的振动弦。惊奇的是，我还在坠落，继续坠落，没有尽头。无穷，小之无穷，让我头晕目眩。

原子这个最微小的物质单元最初或许是古希腊人构想出来的，“atomos”的意思是“不可分割的”。它不仅不可分割，也不可摧毁。按德谟克利特和卢克莱修的说法，原子能让我们摆脱神灵的奇想，因为它既无法被创造，也无法被毁灭，就连众神都不得不向原子臣服。牛顿也珍视原子，但他认为那是上帝的杰作，而不是对上帝的抵斥。牛顿比之前的任何凡人都更了解自然的逻辑，他写道：“在我看来，上帝最初似乎很可能是用实心的、厚重的、坚硬的、不可穿透的、可移动的粒子构成了物质……这粒子格外坚硬，因而绝不会磨损或破碎；任何凡间的力量都不能分割上帝在创世时造出的这种唯一。”[1]的确，原子曾是物质世界的终极单一体，它们的不可分性、整全性和不灭性都堪称完美。原子是绝对真理的化身，它和恒星都是“绝对”的物质象征。

原子也统一了世界，因为构成树叶和人的原子并无二致。将一片树叶或一个人分解开来，我们会发现同样的原子——氢、氧、碳和其他元素。有了原子，我们就有了物质现实的基础。在此基础上，我们就可以创建体系，组织和建构世界的其他部分。卢克莱修曾说：“令人愉悦的物质是由光滑圆润的原子组成的，味苦的物质则是由钩状多刺的原子组成的。”[2]有了原子，我们就可以制定规则，让不同的物质以特定的比例合成，就如英国化学家约翰·道耳顿（John Dalton）在19世纪初所做的那样。一氧化碳：一个碳原子与一个氧原子联结；二氧化碳：一个碳原子与两个氧原子联结。绝对不存在一个碳原子搭配一个半氧原子的情况，因为原子是不可分的。有了原子，我们就可以预测化学元素的性质，就像德米特里·门捷列夫（Dmitri Mendeleev）在19世纪中叶所做的那样。

原子可以防止我们落入无限小的现实空间。当我们到达原子时，下落就会停止，人们就是这么想的。我们会被接住，我们安全了。以此为始，我们又能重新启程，去建构世界的其他部分。

在所有文明和时代中都可以发现基本元素的观念。古印度思想家曾设想过一个由火、水、土这三种“元素”构成的宇宙：火与骨头和言语相联；水与血和尿相联；土与肉体和心灵相联。亚里士多德用五种元素构建了宇宙：土、气、水、火，以及构成天体的以太。对中国的古人来说，基本元素则是金、木、水、火、土。

显然，我们人类总是禁不住以基本元素来构想宇宙。为什么？还有一些紧密相关的问题：我们为什么要创建体系和模型？这些模型是业已存在，独立于我们的欲求，还是我们把它们强加给了一个混乱的宇宙，以缓解某种存在之痒？会不会是因为我们都渴望理智的秩序呢？另一种思路是：有了基本元素，我们就可以设想世界是被“建构”出来的，无论这建筑师是积极的上帝，还是更为被动的自然法则。一个“建构”出来的世界意味着秩序和设计，以及这一秩序背后隐约存在着的某种智慧的暗示。又或者，这种智慧其实就是我们人类的智慧，是我们同时从望远镜的两端来观察自己。

美国物理联合会（AIP）运营的一个网站很有意思，你可以在上面听到汤姆孙（Joseph John Thomson）亲口谈论他在1897年发现电子的情形。[3]电子的发现是对原子发起的第一次冲击。汤姆孙在1934年录制这段语音时已经78岁了，他多年来一直在剑桥大学卡文迪许实验室担任物理学教授。这段录音里夹杂着静电的噼啪声，但他的话语毫不含糊："它是如此之小，小到其质量只是氢原子质量微不足道的一小部分，还有什么东西初看之下能比这更不现实的呢？"确实不现实！但现实性在此并非关键。我们谈论的是一场思想上的革命，是对"统一性和不可分割性"这座宫殿的一次轰炸。从汤姆孙当时的一张照片上可以看到，照片上的他是位极其严肃的绅士，谢顶，戴着眼镜，留着浓密的海象胡子，双手紧握，白色衣领平整挺括，他毫不畏缩地盯着相机，仿佛在直视2000年来的历史，不带一丝歉意。他的目光似乎在说："这迟早都会来的，所以振作起来吧，像个成年人一样去接受它。"

汤姆孙是通过测量带电粒子在电力和磁力作用下偏转的路径才有了这一发现。首先，他和其他人必须开发出符合标准的“真空泵”，用来移除粒子要经过的玻璃管中的空气，因为空气中的分子会干扰他们所研究的这种小粒子的精细轨迹。

我非常看重真空泵。在大学里短暂接触实验物理学的时候，我就用过这东西。正常运作的真空泵一开始会发出一种粗糙刺耳的声音，就像火车头的嘎嚓声，然后逐渐变成咔嗒声，音调渐高，在抽成真空后，又会以一种平滑的嗡嗡声收尾。只要还没抽成真空，这个泵就会一直像火车头一样嘎嚓作响。

带电粒子在高度真空中的偏转度可以表明其电荷量与质量之比。从过往的实验中，汤姆孙和其他人已经了解了最轻的原子——氢原子的这一比值。对于那种可经加热金属片而产生的未知粒子，即电子——汤姆孙称之为“微粒”（corpuscles）——他发现它的这一比值大约是氢原子的1800倍。假如二者电荷量相同，那么电子的质量就是氢原子的1/1800。显然，这些东西确实比原子小很多。原子不是物质的最小单元。

当汤姆孙在英国发现电子的时候，贝克勒耳（Antoine Henri Becquerel）和玛丽·居里在法国发现了原子解体现象，居里称之为“放射性”。贝克勒耳认为，当时观察到的铀发出的神秘辐射（即所谓的X射线）是铀吸收了阳光所致。[4]这种X射线可以由铀附近的感光底片探测到。贝克勒耳在1896年2月26日做了一次实验，当天巴黎阴云密布，他的铀并没有吸收到多少阳光，但他一时兴起，决定无论如何都要冲洗自己的底片。意外的是，这些底片都受到了强烈的曝光，这表明铀本身就能发出某种辐射，无需太阳助力。贝克勒耳后来的实验表明，这种辐射是由某种带电粒子所构成，因为它们的轨迹会因磁场而偏转，恰如汤姆孙的电子。贝克勒耳有了这一发现之后，居里对铀射线做了进一步的研究，她发现铀原子会抛出自身的微小碎片。一年后，居里发现另一种元素镭也发生了同样的原子解体现象。不可分的原子竟然分开了。里面到底有些什么？没人知道。宇宙的基底掉落了。

1903年，历史学家亨利·亚当斯（Henry Adams）对这些惹人心慌的成果作出了回应：

> 当历史在新秩序中揭开面纱，人的头脑表现得就像一只年幼的珍珠贝，为适应环境，藏匿着它的宇宙，直至它形成一层珍珠质外壳，并由此体现它的完美理念……它牺牲了数百万生命才获得了这种统一，但它做到了，并且顺理成章地认定这是一件艺术品。

> “一尊神，一条法，一个元素”［亚当斯引用了诗人丁尼生（Tennyson）的诗句］。

> 1900年，科学突然抬起头来并予以否认……科学界的人绝对是睡着了，不然在1898年居里夫人把那颗被她称为“镭”的形而上学炸弹扔到他们桌上时，他们就应该像受惊的狗一样吓得从椅子上跳起来。[5]

汤姆孙教授手握着他的微粒，提出了一个“葡萄干布丁”原子模型：一个小球中均匀地填满了一种带正电的“布丁”，同时还镶嵌着一些带负电的电子。你得用带正电的“布丁”来平衡带负电的电子，因为我们知道，大多数原子都是呈电中性的。

15年后，新西兰的大物理学家欧内斯特·卢瑟福（Ernest Rutherford）和他的助手们发现原子根本不是什么布丁。它更像一个桃子，其中心有一个坚硬的果核，包含了原子所有的正电荷和几乎全部的质量。在这个坚硬的核心之内还有两种新粒子，即质子和中子。质子带正电，中子不带电。这种桃式构思是卢瑟福的团队向原子薄片发射亚原子粒子后想到的。有些亚原子粒子偏转了很大的角度，就好像它们撞上了什么坚硬的东西，也就是说，原子中存在一个硬核。如果原子是布丁状，那么偏转应该很小。“这真是我一生中经历过的最不可思议的事，”卢瑟福喊道，“这简直不可思议，就好比你向一张纸巾发射了一枚直径15英寸（381毫米）的炮弹，结果它又弹回来打中了你。”[6]原子中心的硬核，即“原子核”，要比原子小几十万倍。打个比方，如果一个原子有波士顿红袜队的主场芬威球场那么大，那么它那个致密的核心就只有芥菜籽那么小，而电子则优雅地围绕着外围看台运动。事实上，除了几乎无重量的电子薄雾外，原子体积的99.999 999 999 999 9%都是虚空。由于我们和世间万物都是由原子组成的，所以我们基本上也就是一些虚空。这种巨大的虚空或许就是分割不可分之物所造成的最让人心神不安的后果。

最终，卢瑟福在原子中心发现了质子和中子，然而它们本身也是由后人发现的更小的粒子——夸克——组成的。

我们是不是在没完没了地坠落呢？是不是无论更大或更小，我们身周都是无穷的无限呢？这感觉可不怎么愉快。我想起了埃舍尔[①]的版画《升与降》（*Ascending and Descending*），画中描绘了一排披着斗篷的人在一座中世纪城堡中的四方庭院里绕行。这幅画中让人困惑的地方（通过透视技巧实现的）是，步行者们都沿着一个不断上升的回形楼梯向前攀登，但走完这个循环之后，他们又回到了起点。这是一段无始无终的楼梯，一段不通向任何地方的楼梯。

埃舍尔在1960年完成了《升与降》，当时的物理学家们又在新型的“原子分裂器”和来自太空的高能辐射中发现了

① 莫里茨·科内利斯·埃舍尔（Maurits Cornelis Escher，1898—1972）：荷兰版画家，因其绘画中的数学性而闻名。

数百种新的亚原子粒子。基本粒子和力学的研究领域陷入了一片混乱。除了电子、质子和中子之外，现在还有德尔塔粒子（Δ粒子）、拉姆达粒子（Λ粒子）、西格玛粒子（Σ粒子）、柯西粒子（Ξ粒子）、欧米伽粒子（Ω粒子）、π介子（pions）、K介子（kaons）和ρ介子（rhos）等。希腊字母用完之后，慌乱的物理学家们又开始用拉丁字母命名新的亚原子粒子。其中一些粒子从诞生到消失的总寿命只有10^{-21}秒，即0.000 000 000 000 000 000 001秒。在此之前，即使神圣的原子破裂了，也存在着某种秩序。那时只有电子、质子和中子。但如今这就是个嗥叫声此起彼伏的动物园。好像没有基本粒子了，只有无限的螺旋式下落，永不见底，再无组构原理。

随后，夸克在20世纪60年代末被人发现，这一跌落之势暂时中止。数百种新粒子都可以理解为六种基本夸克的特定组合。夸克提供了一种组建“亚原子粒子动物园”的新体系。夸克是新的质子和中子，而质子和中子则成了新的原子。我曾问过夸克的发现者之一、物理学家杰里·弗里德曼（Jerry Friedman），他是否认为夸克就是这个队列的尽头，即物质的最小单元。他答道:“可能吧。”他给出了一些理由,但还是有些犹豫。“也可能会出乎我的意料,科学中总会有意外的。”他咧嘴笑着说。[7]科学中的意外,实在福祸难料。

古希腊哲学家们发展出了一种可怕的世界观,即所谓“芝诺悖论”(Zeno’s Paradox)。假设你想穿过一个房间,要走5米。那么在你走完5米之前,你必须先走到一半,也就是2.5米。然而在你走完2.5米之前,你还必须走完这段距离的一半,即1.25米。在你走完1.25米之前……依此类推。

在这些哲学家的头脑中,空间可以不断地一分为二,小而又小,以至无穷。不可分论与可分论在此势同水火。这个智力练习的最终结论是你没法穿过房间。事实上你连1厘米都挪动不了。你被冻结在了一个形而上学的谜题里,落入了这小之无穷的罗网。

科学家和数学家所想象的无穷通常就是一系列不断增大的空间和数字,但无穷也可以往另一个方向发展。托尔斯泰谈到过这个问题,他在《我的信仰,论人生,对上帝的思考,论人生的意义》(*My Religion, On Life, Thoughts on*

God, On the Meaning of Life）一书的那篇不起眼的附录中写道："对万物的解释，要从那些包含在极微小的［物体］中的［物体］中寻求，再从后一类物体中寻求，以此类推，永无休止……只有当这种小之无穷被彻头彻尾地调查清楚之时，谜团才能解开，但这一天永远不会到来。"[8]

比起小说家，物理学家杰里·弗里德曼要乐观得多。他认为夸克可能就是这条队列的尽头。但关于夸克的某些问题，我们还并不了解。我们目前的夸克和电子理论被称为"粒子物理标准模型"①，但众所周知，这个模型并不完善，它没有考虑引力。我们确实有一套相当不错的引力理论，也就是广义相对论，但它并没有成功地与这一标准模型"结成连理"。要举办这场"婚礼"，我们必须发展出一种纳入量子物理的引力理论，即所谓量子引力。然而到目前为止，所有尝试都失败了。不过我们多少也能想到这种理论会对夸克内小之无穷的世界颁布何种"法令"。

---

① 粒子物理标准模型：一套描述强力、弱力和电磁力这三种基本力及组成所有物质的基本粒子的理论。几乎所有对以上三种力的实验的结果都符合这套理论的预测。

广义相对论告诉我们，空间的几何结构和时间都会受到质量和能量的影响。也就是说，太阳这种质量的天体会扭曲空间，正如蹦床上的保龄球会下沉并扭曲下方的橡胶一样。依轨道运行的天体，比如行星，就是在沿着这个曲面滚动。像太阳这种质量的天体还会让时间的流速变慢，你离它越近，时间就越慢。

现在再说说这桩“婚事”里的另一方：量子物理。量子物理表明，在原子和亚原子领域，粒子会呈现出一种模糊的、不确定的特征，就好像它们会同时存在于多个地方。

我们尚没有量子引力理论，但还是可以估算出量子物理和引力物理学都能发挥作用的范围有多大。一般来说，量子效应只在极小的尺度上才会显现，比如原子和更小的粒子，而引力效应只会在大尺度上发挥作用，比如行星和更大的天体。但事实证明，在一个非常小的尺度上，量子效应和引力效应都能发挥重要影响。这个超微尺度被称为“普朗克长度”（Planck length），是以量子物理先驱马克斯·普朗克（Max Planck）的名字命名的。普朗克长度是10^{-33}厘米，比夸克的直径要小千亿倍，而夸克又要比原子小几十万倍。为了让这种超微尺寸变得更直观，我们可以类比一下：普朗克长度比之于原子，大约相当于原子比之于太阳。我们竟能评说这种无穷小的领域，这实在让人震惊。

量子引力会对这种小之无穷产生什么影响呢？量子物理的一个关键方面就在于，能量及其他物理性质都不是像水龙头流出的水那样以连续的形式出现的，而是如雨滴般以离散的单元出现的。量子“雨滴”非常微小，所以我们在宏观世界中察觉不到能量流实际上分成了很多很小的部分。有人提出了一些量子引力理论，认为在普朗克尺度下，空间不是连续的，而是一些不可分的单元格，我们或可称之为“普朗克单元格”。[9]想象一个很小的立方体，边长均为普朗克长度。在普朗克尺度下，空间是颗粒状的。普朗克单元格内部根本不存在空间。我们体验到的空间是这些单元格各角之间的关联。

普朗克单元格将成为空间的原子，我们在此谈论的不是作为空间中最小物质单元的原子，而是空间本身的最小单元。

出奇的是，最近的一些实验已经能够在超微的普朗克长度上探究自然了，至少科学家们是这么说的。普朗克尺度的空间颗粒状应该会随机地减慢高能光线的速度，提供某种摩擦力，因为光线必须从一个普朗克单元格的一角跳到另一个普朗克单元格。能量较低、波长较长的光线会无视普朗克单元格的影响，它们在空间中移动时仿佛空间就是连续的，会以约29.9万千米/秒的正常光速前行。最近，一些研究人员利用美国国家航空航天局的费米伽马射线太空望远镜，公布了一个否定性的结果：与特定天体爆炸产生的低能光线相比，同源的高能光线并没有减速。这些科学家推断，如果空间确实是颗粒状的，那么这些单元格的尺寸必须比普朗克长度小得多。[10]

不管空间在极其微小的尺度上是否真是颗粒状，物理学家们都相信，普朗克尺度上的时间和空间一定是紊乱的。由于量子物理中的模糊性和不确定性［即海森堡不确定性原理①（Heisenberg Uncertainty Principle）］，在普朗克长度这个尺度上，空间和时间搅动翻腾，任何两点间的距离都会随时发

① 不确定性原理：由物理学家沃纳·海森堡于1927年提出的一种理论，大意是说我们不可能同时确知一个粒子的位置和速度。

生剧变，而时间也会随机地加速、减速，甚至进退。在这种情况下，时间和空间对我们不再有任何意义。我们在房屋和树木构成的宏观世界中体验到的平滑时空感，不过是普朗克长度下的这种极端的凹凸不平和紊乱平均出来的结果，就像从300米的高空俯瞰沙滩，沙滩的颗粒状也会消失一样。

因此，如果我们不停地把空间切分成更小的碎片，像芝诺那样寻找现实中最小的元素，那么一旦我们抵达变幻莫测的普朗克世界，空间就不再有意义了。至少我们所理解的“空间”是如此。我们并没回答什么是物质的最小单元，我们只是让这些用来提问的词语失效了。也许所有终极现实都是这样，如果还存在终极现实的话。每当我们凑得更近，我们的词汇也在失效。午夜时分，我坐在海边的木坞上，想象自己不断坠落，坠入越来越小的现实空间里，这坠落也许没有尽头，可一旦抵达普朗克世界，我所知的空间就不复存在了。空间被一个古代的玻璃工吹得奇薄无比，薄到化为虚无。普朗克世界是个“幽灵世界”，一个没有“时间”和“空间”的世界。我们或许就该在这儿寻找“绝对”，可我们也不再有语言来描述这种体验。

蚂蚁（一）

我有个研究精神病学的朋友，他怕我在缅因州的悠长夏日里无事可做，于是好心地送了我一本名为《存在主义心理治疗》（*Existential Psychotherapy*）的厚书，作者是斯坦福大学精神病学终身荣誉教授欧文·亚隆（Irvin Yalom），他是格式塔心理学家们的追随者。这些思想家认为，我们都有一种不可避免的倾向，会自然而然地将所有经验组织成有意义的模式。若有人拿出一张由随机的点组成的画，我们就会将其解析成图形和背景。若是看到一个残缺的圈，我们就会在脑海中补全这个圈。若是看到人们的奇怪举动，我们也会吃力地将其置于某种理性的体系之中。如果所受的外部刺激没有形成某种模式，亚隆教授对此写道："人们就会觉得紧张、烦躁和不满……在面对一个没有模式的冷漠世界时，我们会感到焦躁不安，并寻找模式、解释和存在的意义。”[1]这点不难理解，在智人的早期阶段，发现模式的能力很可能对我们的生存是有利的。但也有一种可能，对模式和体系的探寻就是寻找意义的一部分，是为了让世界变得可以理解而付出的努力。或许也是这种深层的探寻激发了人们对原子和元素的构想。

在鲁特琴岛避暑的这些年里，我慢慢意识到，我在这儿的主业并不是阅读或写作，而是要弄明白这一切是否都有意义。我得承认，外部的刺激并没有促成什么让我满意的模式。

一个主要的障碍就是（我现在要真诚地袒露自己的物质灵魂了）：我一直觉得，一种事物要有意义，它就必须是永恒的，或者至少也得存续很长一段时间。（我知道哲学思想中有一整个分支就是在探讨这个问题：意义有什么意义？）永恒是最吸引我的“绝对”。有些东西今天还有，明天就没了，比如一顿饭、一封信或一双鞋，我问自己，这有什么意义呢？相比之下，在《李尔王》写就几百年后，人们仍然在讨论和表演这部戏剧；人们仍然敬畏地凝视着西斯廷教堂的穹顶；人们也仍在研究孔子和柏拉图的正义观与治理观。长寿难道不就是意义的一个确凿标志吗？我一直这么认为，而且无意中还会以此为基础来衡量自己和他人的奋斗。不过我是个唯物论者。作为一个唯物论者，我知道没有什么能够长存，即使是《李尔王》也有可能在千年后被人遗忘。如果一千年在你看来还不够长，那么一万年呢？对宇宙来说，一万年也只是一眨眼的工夫。此时此刻，我周遭的一切，树木、我的房子、书架上的书、我的孩子，以至他们的子孙，在几千年后都将无迹可寻。

有时我会扪心自问：意义是不是需要某种外部的施为者，它能将各种事件和宝贵的时刻记录于一座永恒的储存库中？上帝，假如存在的话，或许就是那位施为者。毕竟其他任何施为者在一段时间后都会消亡，不是吗？如果我们还有第二位外部施为者，比第一位更为宏大，寿数更长，同时假定第一位施为者记录的所有信息和意义最后都由第二位继承，那又会怎样？然而，这种新的安排只能在有限的时间里维持局面，因为第二位施为者也有其限度，一样难逃消逝的命运。

我们所在的这颗不起眼的星球不过是银河系的数十亿行星之一，而银河系也不过是可观测宇宙中的数十亿星系之一，所以我们所做的一切在一个偌大的尺度上到底有什么意义呢？一千个星系开外的XUFK行星上的生物会知道或关心地球上发生的任何事情吗？若没有一个像上帝这样无限而永恒的观察者——某种评断和维护意义的绝对的权威或断头台——那么意义就不可能找得到。另一方面，或许我最初所作的“意义依赖于永恒”的假设就是错的，或许意义本身就是一种幻觉。毕竟，我为何要对意义这么执着呢？鱼和松鼠没有它也过得很好。

只要我在鲁特琴岛漫步，或是坐到书桌前，这些烦人的念头就会掠过我的心底。我也许应该去做些更有成效的事吧，比如收集蚌壳或者划去不知所云的字句。但我情不自禁。我这颗焦灼的心既是恩宠，也是诅咒。有时我会设想这么一种情境，我称之为“聪明蚂蚁谜题”：想象一下，有一群极其聪明的蚂蚁，这个蚁群可以存续100年。正常的蚁群只能维持20年左右，届时蚁后就会缓步离去并另造蚁群，但我们还是假设，这是个蚁后会相继接管的长命王朝，可以不断补充这个特殊的蚁群。每只蚂蚁的寿命只有一年，所以这个蚁群已经有很多代蚂蚁了。这是个古老的殖民地，一个世纪以来，这些头脑发达的蚂蚁缔造了一个伟大的文明。他们建成了先进的地下构造；他们作曲、作画、创作戏剧；他们写书，记录自己社会的历史；他们发展科学，还提出了有关宇宙的理论，将蚁丘内外都含纳其间；而且他们也不无情感和亲密关系。然后有一天，一场洪水袭来，彻底摧毁了这个蚁群。非常彻底。一切都荡然无存——蚂蚁没了，蚂蚁书籍没了，蚂蚁绘画没了，遗迹没了。什么都没了。全都毁于一旦。这个杰出的蚁群在宇宙间没有留下任何痕迹。我问自己：这个蚁群有什么意义吗？如今这个蚁群已经消失，没有其存在的记录，它还有意义吗？

我眯起双眼，试图看清亚隆教授的模式。当我看到阳光在卧室的天花板上摇曳，或是蜂鸟在前廊盘旋时，我想我看到了它们的踪影。我想我在这一刻看到了模式和意义，但也仅此一瞬而已。也许这一刻就是一切。[2]也许我就该好好收集我的蚌壳，然后保持缄默。当我完全沉浸在某种愉快的活动中，比如和好友聊天、享受美食或与孩子们说笑，那种美妙的快乐体验无疑也是这样一个时刻。但出于某种原因，我和许多同行者对这一刻并不满足。只有当下是不够的。我们想超越当下。我们想构建体系、模式和记忆，将每一刻都串联起来，直至永恒。我们渴望成为无限的一部分。

僧 人

这几年里，我结识了一位柬埔寨的高僧：约·胡特·赫马卡罗（Yos Hut Khemacaro），朋友们都叫他赫马。1948年，他出生于波萝勉省的一个小村庄，此后便在一所僧侣开办的本地小学读书。他至今还清楚地记得，10岁时，他就“为求智之路所吸引”，开始研习佛学，并最终登坛受戒，成为僧人。1973年，赫马开始与联合国合作，在澳大利亚和泰国处理人权问题。在20世纪70年代中后期，赫马为重建柬埔寨当地的佛教僧团做出了重大贡献。

1月的一个晴日，我去金边的兰卡寺拜访了赫马，这座寺庙位于一条车水马龙的大道旁，他就在那儿修行。我希望他能帮我参悟我在缅因州的那个夏夜与群星交融的感受，还有我无法理解的其他体验。佛教展现了一种有趣的信仰融合。四圣谛似乎寓于绝对之境，而佛教的无常教义却是相对的。

兰卡寺是一处大型庙宇建筑群，内有若干佛塔、庭院和走道，以及可容纳200名僧人的生活区。寺庙宏伟的前门高达12米，两侧各有石狮把守。一旦穿过这座巨大的拱形建筑，街上马达的嗡鸣声和街头小贩的叫卖声便会隔绝于外，你便迈入了一个宁静之所。我缓步走过鎏金宝塔，行经方尖碑状的石质浮屠和散落各处的石盆，里头都种上了或红或粉的叶子花。我随着一些身着橙色僧袍的年轻人穿过庭院，他们两两前行，十分安静。最终，我来到了赫马的住处，这是建筑群后端的一间精舍。我们坐在树下，空气里弥漫着淡淡的茉莉花香。

树荫下，赫马和我谈起了现代物理学和宇宙学。我给他带了一本我自己的书，主题即此。“佛教和科学是完全一致的，”[1]赫马笑着说，接着又补充道，“科学提供了更多细节。”赫马解释了佛教的信仰，说宇宙在过去已经历了无限循环，在未来还将经历无限循环。我向他提到，现代宇宙学家的证据表明宇宙将持续膨胀，不会再有循环。他笑了，也许是觉得科学能查知这种事情非常荒唐，也许是因此而觉得开心。就在我们交谈之时，赫马的同门——一位剃了发的年迈比丘尼不知从哪儿走了过来，默默地给我们递了茶。我留意到她的双手布满了皱纹和老茧，仿佛赫马精舍墙壁上皴裂的黄漆。

我问赫马，佛弟子是如何知道宇宙已经历了无限循环的。他说，这见识来自佛陀，佛陀的名号之一便是“世间解”（lokavidū），意为“世界的知者”。“佛陀遍知万物。”赫马说着拿出一支笔，草草为我写下了一份书单。他落笔缓慢、从容不迫，一如其人。我们不再交谈。我能听到僧人们在远处诵经的声音，起起落落，柔似微风，玄妙莫名。我已不知今夕何夕。

真　理

在我拜会赫马之时，他提到了佛教的四圣谛：第一，生命充满苦难；第二，苦难之源在于对各种无常事物的渴求与执着；第三，生命之苦可以终结；第四，冥想、自律和正念[①]的生活就是通达这一目标的道路。虽然佛陀早在2500年前就阐明了四圣谛，但赫马还是小心翼翼地表示，我们要通过自己对世界的体会来领悟这些真理。但在其他问题上，佛教徒的信仰完全都是基于佛陀的话，比如对宇宙之无限循环的信念。佛陀初时只是常人，名为乔达摩・悉达多，后来才成为众所周知的“世界的知者”。我心

① 正念：指有意识地觉察当下的一切，但不作任何判断。

想：我们怎么知道佛陀是世界的知者呢？爱因斯坦和达尔文也是世界的知者吗？我们为什么要相信那些物质世界和精神世界的真理与法则？有什么权威的依据吗？

法则的概念至少可以追溯到4000年前。在物质世界的法则问世前很久，古代亚述人就已制定了清楚明晰的《乌尔纳姆法典》①。当然，这些最早的法则就是人类社会的行为准则。对于每一次具体的违法行为，都只能用赔偿的银两或倒入口中的盐量来量化。比如："如果一个男人强奸了另一个男人的处女女奴，那么此人必须支付五舍客勒②的银子。"[1]

佛教的四圣谛是法则吗？也许它们只是对人类境况的观察。当然，宗教传统中也有《乌尔纳姆法典》这类管控行为的规则。人类并不是一定会按某种规则行事，就像下落的石头一定会掉到地上一样。但各种神学传统还是会勒令我们按照一定的规则行事。比如"十诫"中的第六诫："你

①《乌尔纳姆法典》制定于古代西亚乌尔第三王朝（约公元前2113—前2008），原件由30多块泥板组成，是迄今为止最早的一部成文法典。

② 舍客勒（shekel）：古代以色列、巴比伦地区的货币单位，1舍客勒约为11克。

不可杀人。”[2]或如《古兰经》:“他［真主］爱保持纯净清洁的人……[3]预备祷告的时候，你们须洗脸，从手（和手臂）洗到肘,（用水）擦头，脚（洗）到脚踝。[4]”像祷前洗漱这样的日常规矩看起来或许有些枯燥且微不足道，可一旦被写入《古兰经》并被视为真主之言，它们就升格为法则了。同样地，通过冥想来缓解凡人之苦的说法看起来可能也就是一种意见、一点零星的哲学，或是一本自助书籍中的一段话。可一旦被“世界的知者”道出，它也就承担了法则或绝对真理的使命。(在这里及后文，我交替使用了“法则”和“真理”这两个词，尽管我承认这种用法不太准确。在我看来，法则就是对某种真理的陈述。在科学中，法则几乎都是以定量和数学的形式来表达的。)

在发现真理的途径上，科学和宗教有很大差异。在宗教和神学中，这些真理和信仰似乎有两个源头。首先是一些圣典，如《圣经》《古兰经》《吠陀经》《巴利三藏》，以及对它们的解读。信徒们认为这些经典包含了神或特殊觉者的真言。在此情况下，教义的权威就出自与上帝、佛陀或其他神灵相关的无穷智慧。这种神圣的权威也可以转化成整个宗教习俗的权威，比如天主教“教会”的权威，或者伊斯兰教法的权威。真理的第二个源头更加个人化，或可称之为“超越性体验”，我将在下一章展开这个话题。

人们会用这些圣典中的语录来宣扬真理，从宇宙起源到自由意志问题，再到生殖生物学的细节，不一而足。例如，圣托马斯·阿奎纳为反驳亚里士多德的宇宙永在观，曾进行过艰难的论证，但之后还是要靠《圣经》来树立自己的权威：

> 潜能在时间上先于现实（虽然现实在本质上先于潜能），然而从绝对意义上讲，现实必定先于潜能，由此可以清楚地看出，只有某种实际的存在者才会将潜能还原为现实。而物质是有潜能的。因此，上帝，最初的、纯粹的现实，必定绝对地先于物质，因而是物质之因。《圣经》证实了这一真理，即：起初，神创造天地。[5]

另一位重要的基督教神学家约翰·加尔文也曾引《圣经》来论证,(物质)世界的万事万物都已由上帝预先决定,包括人类的行为。

如我们所知,世界主要是为人而造的,我们必得把这看作上帝在掌管世界时所设想的目的。先知耶利米说:“耶和华啊,我晓得人的道路不由自己,行路的人也不能定自己的脚步。”(耶利米书10:23)……没有上帝的力量,人什么也做不了……此外,为更好地表明世上诸事都是照他的旨意行的,《圣经》也向我们宣示,看似最偶然的事都取决于他。[6]

据伊斯兰圣训所载,先知穆罕默德也曾教授过生殖生物学:

他是由男女的精元合造而成。男人的精元稠密,形成了骨头和筋腱。女人的精元纤柔,形成了血肉。[7]

时至今日，很多宗教思想家仍将绝对权威和绝对真理归因于这些被奉为“神圣启示”的圣典教义。第二次梵蒂冈大公会议曾发布过一份有关神圣启示的教义宪章，名为《上帝圣言》(*Dei Verbum*)，该宪章得到了教宗保罗六世的认可，这是其中一句：

> 《圣经》必须被认定为坚固、如实和无误的教义，是上帝为救世而想要写入神圣经文的真理。[8]

我尊重人们对上帝和其他神灵的信念。不过我很坚持一点。我坚持认为，这些神灵及其麾下的先知对物质世界的任何说法，包括载于圣典中的说法，都必须接受科学实验的检验。在我看来，这些说法的真理性是不能假设的，必须根据需要来检验、修正或否定。精神世界和绝对世界自有其领地。物质世界应该从属于科学。

超越性

对于我这个科学家兼人文主义者来说，超越性体验就是我们拥有精神世界的最有力证据。在这种即刻的、至关重要的个人体验中，我们能与某些比我们自身更大的事物相连，同时感受到某种无形的秩序或真理。我在缅因州海上仰望群星时的体验就是一种超越性体验，而且我经历过不止一种。威廉·詹姆斯[①]的著作《宗教经验之种种》中就有一位牧师完美地描述过这种超越性体验：

① 威廉·詹姆斯（William James，1842—1910）：美国实验心理学家，机能主义心理学派创始人之一。

> 我记得那个晚上，差不多就在山顶那块儿，我的灵魂敞开了，也可以说是进入了无穷之境，内外两个世界迅猛地融合到了一起。这是深空对深空的呼唤——我奋力在内心展开的深空得到了外部那超越了群星的莫测深空的回应。我独自与我的创造者站在一起，连同世上所有的美、爱、悲哀，甚至诱惑。我没有寻他，却觉得我的灵魂和他的达成了完美统一……从那时起，我所知的对于上帝是否存在的任何讨论都没法动摇我的信仰了。我感受到了上帝的灵与我同在，此后很久都未曾迷失。对我而言，他存在的最确凿的证据就深植于这无上体验的记忆中，在这神启的一刻。[1]

法国小说家、剧作家罗曼·罗兰在1927年写给弗洛伊德的一封信中也呼应了这种感受，他称之为“海洋般的感觉”[2]（sentiment comme océanique）。1915年，也就是此前十多年，罗兰获得了诺贝尔文学奖，颁奖词是这样描述的：“他的文学作品充满了崇高的理想主义，凭着对真理的拥护和热爱，他勾勒出了形形色色的人。”[3]在写给弗洛伊德的信中，罗兰曾提到，宗教能量的源泉就在于一种“海洋般的感觉”，那是一种“永恒的感觉，一种对无限无界之物的感受，就像海洋一样……一种不可分的联结感，一种与整个外部世界相融的合一感”。

超越性体验不一定都与无上的存在者或神有关。我想提醒读者，在不同的哲学和神学传统中，人们对神的理解也有诸多差异。先验论者和泛神论者认为，神就是自然和万物的同义词。古典自然神论者认为，神是一种全能的、有目的的存在者，但这一存在者在创造物质世界后就撒手不管了。重建派犹太教徒认为，神是激励人类尽量完善自身的所有自然过程的总和。对神的最普遍的看法就是，它乃一种全能的、有目的的存在者，偶尔会干预物质世界。

不管你赞成哪种信仰，这种超越性体验都不同于各类圣典中的智慧，它是极其个人化的。这种体验的权威和从中获得的理解都取决于这一体验本身。没有人能否认你这种感受的真实性，这些感觉是不可反驳的。

作为通往真理之途，超越性体验就是一条深刻的人性之路。事实上，一些哲学家和神学家都相信，真理只存在于人性和人心的领域。这种信念与“真理独立于人心”的科学信仰发生了正面冲突。扔出一块石头所形成的抛物线——不管人能否想象出这样一条曲线——难道不存在吗？爱因斯坦和伟大的印度孟加拉裔文学家、哲学家泰戈尔曾展开过一次非同寻常的对话，这些对立的观点在其中显露无遗。两人惺惺相惜，便约定于1930年7月14日在柏林郊外卡普特的爱因斯坦家中会面。以下是他们对谈的部分内容：

爱：这么说，真理或美都取决于人吗？

泰：是的。

爱：美可以这么理解，我同意，但真理不行。

泰：为什么不行？真理是通过人体现出来的。

爱：我没法证明科学真理必定是一种独立于人的有效真理，但我坚信这一点。比如，我相信几何学中的毕达哥拉斯定理就表述出了一些几近真实的东西，这与人的存在无关。无论如何，确实有一种独立于人的现实，也有一种相对于这个现实的真理……

泰：真理，为普罗大众所接受，本质上肯定是属人的；

否则，任何个人认识到的真实都永远不能被称为真理，至少不能被视为科学的真理，真理只能通过逻辑思考的过程产生，换句话说，就是要通过人类的思想器官才能获得。

爱：这个问题就始于真理是否独立于我们的意识。

泰：我们所说的真理，就存在于主观现实与客观现实之间的理性融和……[4]

法 则

根据古罗马历史学家普鲁塔克的说法，希腊数学家、科学家阿基米德对一张特别的几何简图着了迷，竟没注意到罗马人何时攻入了他的城市。那是公元前212年，第二次布匿战争如火如荼，罗马执政官马库斯·克劳狄乌斯·马塞勒斯（Marcus Claudius Marcellus）麾下的60艘战舰一直在向有城墙围护的叙拉古投掷石块和抛射物。

最终，这座城市陷落了。普鲁塔克曾将阿基米德对数学和科学的热爱形容为“神灵附体”[1]，因为这位数学家常会忘了吃饭洗澡，直到朋友强迫才不得不从命。当对叙拉古的围困接近尾声时，一个闯入城中的罗马士兵遇到了正在沉思数学问题的阿基米德，于是命他去面见获胜的执政官。阿基米德表示他暂时不能从命，等他算完了再说。听闻此言，士兵勃然大怒，顿时用利剑刺穿了这位数学家的身体。

阿基米德的生平鲜为人知。但我们知道一点，他是最早阐述物质世界法则的人之一，他的“浮体定律”（约公元前250年）表述如下：

> 任何轻于［密度小于］某种流体的固体若被放入这一流体，都会浸入其中，而这一固体的重量等于它所排开的流体的重量。[2]

我们可以推测阿基米德是如何得出这一法则的。当时，市场上有称量货品的天平。这位科学家可以先称一个物体的重量，然后把它放进一个矩形的盛水容器里，再测量水面上升的高度。用容器的面积①乘以上升的高度，就能得出被排开的水的体积。最后，可以将这一体积的水装进另一

① 此处指矩形容器的底面积。

个容器中称重。在发现这一法则之前，阿基米德肯定曾用不同的物体进行过多次实践。他可能还用其他液体（如水银）做了实验，以查明这一法则的普遍性。阿基米德虽发明了很多实用装置，比如能举起重物的滑轮系统和一些战争机器，但我实在想不出他的浮体定律会有多大的商业或军事效用。这位科学家之所以沉醉其中，似乎只是出于他对物质世界的迷恋和内心的愉悦。

物质世界的一切法则都如同阿基米德定律。它们是精确的、量化的、普遍的，可适用于广泛的现象。这本身或许就很惊人，自然界竟然要服从法则。不过换个角度来看，物理宇宙很可能没有法则就无法存在，一个“无法则宇宙”必定会出现致命的自相矛盾或逻辑不一，比如2+2=4和2+2=3。这样的宇宙无疑是个恐怖的居所。手推车可能会突然浮上半空，行星会毫无征兆地改变轨道。

过去的200年里，我们发现了不少法则，它们支配着电和磁的动态、原子内部的力、宇宙的膨胀以及诸多其他现象。借由这些法则，我们能够量化地详细描述一切，从天空的颜色到行星的运行轨道，从翱翔大鸨的重量到雪花的六边对称，等等。物质世界中的所有现象都要受法则支配，我们看不出有什么证据能反驳这一观点。

有一个很奇妙的自然法则，你可以自己验证一下：让一个重物从4英尺（约1.2米）的高度落到地面，并记录它的下落时长。你得到的数字应该是0.5秒左右。从8英尺（约2.4米）的高度落地，你得到的数字应该是0.7秒左右。换成16英尺（约4.8米）的高度，时长应为1秒左右。无论落体大小，只要不断提升高度，你就会发现高度每翻两番，时长恰好会翻一番，这个定律是伽利略在1590年发现的。伽利略的“落体定律”可以用数学公式表述为$t=0.25\times\sqrt{d}$，其中t是以秒为单位的下落时长，d是以英尺为单位的下落距离。数字0.25出自地球的引力，由地球的大小和质量得出。掌握了这个定律，你就能预测物体从任意高度坠落的时长了。你已经亲身验证了物质世界的合法则性。

我在12岁时验证的钟摆定律就是伽利略落体定律的一个变体。它之所以正确，并不是因为我在《大众科学》上读到过它，或者我想相信它，又或是著名的伽利略在将近四个世纪前就公布了它。这条法则的正确性在于它能经受验证。显然，它描述了物质世界的一个基本属性。

容我概述一下科学的方法和态度吧。伽利略让物体从一个斜面滑下，并用漏壶计时，由此发现了他的落体定律。（为什么是斜面？好处是减缓了下落速度，便于测量。）伽利略的定律实际上表达的就是地表附近任何落体的加速度都是恒定的。后人发现，这一定律就是牛顿在1686年发布的更为普适的运动与引力定律的一个特例。牛顿的引力定律可以表述为：两个质点间的引力与它们质量的乘积成正比，与它们之间距离的平方成反比。牛顿通过分析行星在太阳引力下的运行轨道发现了他的这一定律，而这些轨道是由此前的一位天文学家精心绘制的。

两个世纪以来，牛顿的定律一直都能完美适用。但在19世纪中叶，随着望远镜精度的提高和测量的细化，天文学家们得出结论，水星的轨道并不完全符合这一定律的预测。累积起来的差异微乎其微，（水星的实际轨道与牛顿定律预测值的）角度差值大约是每个世纪0.01度。在几乎所有人类感兴趣的学科中，这般微小的误差都会被忽略掉，就好比10万美元的存款少了1分钱一样。然而，牛顿定律太过精准和明晰了，人们对水星的测量也非常准确，这使得一些科学家困惑不已。时间来到1915年，阿尔伯特·爱因斯坦提出了一种新的引力理论，即广义相对论，其几何学结构十分优雅。（少数读者可能想看看广义相对论的数学表达式：$R_{\mu\nu} - ½Rg_{\mu\nu} + \Lambda g_{\mu\nu} = 8\pi T_{\mu\nu}$。）爱因斯坦的理论完美地描述了水星的轨道。此外，它还预测了很多新现象，比如太阳引力造成的星光偏转、黑洞和引力波——2015年，激光干涉引力波天文台（LIGO）首次侦测到了引力波。现在的要点是：尽管爱因斯坦的理论精妙无比，而且取得了巨大的成功，但如我在上一章所说，这一理论也需要修正。

我们可以把科学研究视为一种不断发现对自然的更准确描述的进程。这些被我们称为“自然法则”的描述就是一些数学工具，可以让我们做出各种预测——比如电压表接入特定电路时，指针会摆动多大幅度，或者一团铀原子需要多久才能完成衰变。人们提出的法则要根据其预测的准确性来接受评判，我们科学家不会假装知道“现实”是什么。那种模糊的想法要么是不可知的，要么就是从属于哲学国度。科学研究是对尺子和时钟的测量结果，即实验结果，作出准确的预测。

科学家发现的所有自然法则都可说是暂定的。它们被视作更深层法则的近似物。人们在不断发现新的实验证据，或提出新的（可验证的）想法，因而对这些法则的修改也从未中止。其实我们所说的“自然法则”应该称作“近似自然法则”，但这么说就有些饶舌了。

如上一章所言，科学与宗教中的真理，以及这两者发现真理的方式，都存在着重大差异。与宗教不同，科学不接受以神灵或其使徒的权威为根基的真理和法则，甚至连整个科学界公认的真理和法则也未必接受。尼尔斯·玻尔（Niels Bohr）、亚历山大·冯·洪堡（Alexander von Humboldt）和克劳德·伯纳德（Claude Bernard）等科学伟人的构想可能会在一段时间内受到重视，可这仅仅是出于对这些智者的尊重，这些构想终究还是要经由实验的检验而被取舍。同样地，个人的超越性体验在宗教中虽是真理的关键源泉，但在科学中却要以怀疑的眼光来看待。个人的激情可能是科学家从事科研工作的动力和乐趣所在，但科学界所接受的真理和成果只能是可以由不同的科学家在不同的实验中再现，并由不同的人通过相同的数学等式从头演算出来的。没错，科学就是要百折不挠地在求知过程中消除个人因素。

最后，在修正的过程中，我们也能发现科学和宗教的强烈反差。宗教的核心信仰，乃至任何“绝对”的理念，都是不容修改的。上帝或觉者佛陀的智慧是绝对的、完美无瑕的。永恒性、统一性、不可分割性以及绝对真理的本质也是如此。这些“绝对”的实体并非近似物，比如牛顿的引力方程。它们是确凿无疑的，就像完美的圆，永恒不变，无懈可击；就像甘露圣水，是长生不老的灵药；就像柏拉图的理型（ideal forms）。

教　条

20世纪70年代初，我有幸成为一名物理专业的研究生，那时人们恰好首次发现黑洞。这个黑洞被称为“天鹅座X-1”，距地球约7000光年。也就是说，一束光从那儿到这儿需要7000年。当时，有少数研究生针对天鹅座X-1和其他黑洞展开了天体物理学的博士论文研究。在这方面，我们会用到爱因斯坦的引力方程，以及一些描述气流、辐射过程和热力学的方程。用这些方程来描述那个7000光年外的怪象时，我们从未质疑过它们的有效性。不论是数亿光年外的其他星系中的黑洞，还是140亿年前宇宙婴儿期的事件，我们都应用了这些方程。再说一遍，对这些远离地球日常生活的现象，我们从没质疑过上述方程的有效性。

尽管没人敢大放厥词，但我们这些初出茅庐的科学家实际上都欣然接受了一种原则，我称之为“科学中心教条”（Central Doctrine of Science）[1]：物理宇宙中的所有性质和事件都要受法则的支配，而这些法则在宇宙中每时每处都是成立的。理科研究生身上的每一个毛孔都吸收了这种信念。这是一种不知不觉却强而有力的承诺。法则在每时每处都具有可靠的适用性，这是该教条的重点之一。在物质世界中，自然法则不能只适用于某些现象而不适用于其他现象，也不能仅适用于某些时刻而不适用于其他时刻。若是我今天坐飞机，空气动力学原理发挥如常，但明天再坐时，它却突然失灵了，那我可受不了。

这一教条中有几个隐含的假设。[2]首先，支配物质世界的法则应该具有一种数学形式。我们对自然界的运转进行了几百年的研究和量化，然后从中了解到一点：自然界的语言就是数学。我们认为这是物质世界的一个真理。其次，法则不能在给出答案的同时又引发更多问题。举个例子，如果某一引力法则在宇宙中每颗行星上都有不同的数学形式，那么科学家们是不会接受的，因为这没法解释为何每颗行星都会受制于不同种类的引力。科学中心教条认为，支配物质世界的法则肯定都具有某种普遍性和完备性。

我所定义的这种中心教条引发了一个不易察觉但十分重要的问题，即我们所说的“物理宇宙”到底所指何意。（在本书中，我会交替使用“物理宇宙”和“物质宇宙”。）如果说“物理宇宙”就是指一切物质和能量，就像人们通常认为的那样，那我们也只是把问题转移到了物质和能量的定义上。物理学家们在物质和能量的定义上已经达成了一致，但这个定义大概没法让每个人都满意。有些人可能会把“灵魂”或“精神”视为能量，但这并不是可以用温度计或无线电天线测量的能量。所以，我必须借助于一种循环定义。物理宇宙就是科学中心教条所能适用的一切物质和现象。还存在一些不适用中心教条的其他领域——我们可称之为“非物理宇宙”“精神宇宙”或“空灵宇宙”。在此意义上，科学的领地是有限的。

话虽如此，这种遵循逻辑和法则的物理宇宙的概念，还是在过去500年里取得了极大的成功。疫苗和抗生素、广播和电视、电脑和苹果手机只是沧海一粟，物理学中有一个例子，可以表明我们理解和量化物理宇宙的能力取得了多么非凡的成就：我们利用最新的量子物理理论进行了精细数学运算，预测出电子这种亚原子粒子的磁场强度[3]为1.159 652 182，而用高灵敏度设备测得的数值为1.159 652 181。显然，有些物质超出了我们的想象，但我们却能如数家珍。从行星轨道到天空的颜色，再到DNA的结构和操控，如此海量的现象都已臣服于科学方法，因此仅仅把这种中心教条视为一种永真式①是错误的。物质世界即使有限，也是广阔的。我们可以把这种中心教条重新表述为：大量的现象都合乎法则，且能够接受科学的分析。

我之所以认为科学中心教条是一种教条，是因为它虽然成功，却无法被证实。你只能把它当成一种信仰问题。无论物质宇宙到目前为止有多么合乎法则和逻辑，我们都不能肯定明天会不会发生一些没有逻辑、无法解释、完全

① 永真式（tautology）：逻辑学名词，指在任何解释下皆为真的命题，在此是指科学中心教条在物理宇宙的限度内无论何时何地都适用。作者想说明的是物理宇宙的定义也在扩展和变化，此前未归入物理宇宙的现象，或者科学中心教条不适用的现象，在将来也有可能适用于科学中心教条。

不合乎法则的事情。科学家们不加怀疑地接受了科学中心教条。我们对这一教条的信仰格外坚定，所以每当出现既有法则无法解释的物理现象，我们都会尝试修改这些法则，而不是放弃对“合法则宇宙”的信仰。当科学家们发现水星轨道无法完全用牛顿的引力定律来解释时，他们并没有把这种差异归因于某个无法解开的谜团、物质世界秩序的崩溃，或是异想天开的神灵的干预。他们只是认定这是一个需要用更高级的物理理论来解释的物理问题。同样地，在20世纪初，科学家们曾发现某些原子的辐射，即所谓“β衰变”[1]，似乎违背了能量守恒定律，但他们并没有放弃对这一教条的信仰。他们只是提出，有一些先前未知的无形粒子带走了丢失的能量。最终，人们发现了这种预言中的粒子——“中微子”。事实上，我无法想象物质世界中还有什么事件能让大多数科学家称之为科学无法解释的奇迹。就算手推车浮上半空，科学家们也会去寻找它的磁悬浮装置，

---

① β衰变：由于电子相对过剩，导致一个中子转化为质子而放出β射线的衰变。

若是有必要，他们也不吝给这种现象指派某种新的力——一种自然的、合乎法则的力，而非超自然力。

总而言之，我认为宗教和科学虽在获取和修正知识的途径上有很大不同，但两者都是某种程度上的信仰，是对不可证明之物的信念和承诺。科学可以用实验来考察和验证它对特定现象的所有信念，却不能用实验来检验科学中心教条这种根本的信仰。我们只能直接接受这种中心教条。在这个意义上，科学中心教条就是一种“绝对”。

科学上还有一种绝对：“终极法则”或“终极理论”。许多（即便不是大多数）物理学家都相信一种自然界的“终极理论”，一种超越了近似的理论。这种信念并不是出自科学本身。相反，正如我们已经讨论过的，科学史呈现出的是一个不断修正的漫长过程，在此期间，新的理论会不断取代旧的理论，后起之秀能存续一段时间，直到被更准确的理论取代。尽管有史为鉴，很多物理学家还是对“终极”理论深信不疑。这一套最终的自然法则将无需进一步修正，它完美无缺。但我们永远无法证明它是最终的理论，因为我们永远不能确定第二天会不会有一个新的实验或现象与之相悖，从而需要对其作进一步修正。换言之，即使我们掌握了最终的理论，也永远无法确知。但是，我们仍然相信。

诺贝尔奖获得者、物理学家史蒂文·温伯格在其著作《终极理论之梦》中写道："我们目前的理论只具有有限的有效性，仍是暂定的，并不完备。但在它们背后，我们不时会瞥见一种终极理论，这种理论将具有无限的有效性，在完备性和一致性上可以让我们完全满意……我自己的猜想是，确有一种终极理论，而且我们能够发现它。"[4]

终极理论实际上是科学中心教条的延伸，即自然是完全合乎法则的。如温伯格所言，我们的近似理论正变得更精细、更宏大，其数学之美也更令人惊叹。我举个跟英国大理论物理学家保罗·狄拉克（Paul Dirac）的工作有关的例子吧。狄拉克是个少言寡语的人，他在剑桥大学的同事们还专门定义了一种叫作"狄拉克"的对话单位，指的是每小时说一个单词。20世纪20年代末，狄拉克在一张纸上写下了一个优雅的电子运动方程，将爱因斯坦的相对论（不是爱因斯坦的广义相对论——一种引力理论，而是他的狭义相对论——一种运动和时间理论）与新兴的量子物理结合到了一起。考虑到数学和逻辑一致性的要求，罕有人能想出表达这样一个方程的办法，这差不多就像是在纵横字谜的空白处填字吧。出乎意料的是，狄拉克的方程预言了一种新的亚原子粒子的存在，这种粒子如今被称为“正电子”——与电子等同，但电荷相反。几年后，正电子即被发现。在《科学美国人》的一篇文章中，狄拉克写道：

> 以至美而强力的数学理论来描述基本的物理法则，这似乎是自然界的基本特征之一，需要相当高的数学水平才能理解。你可能会好奇：为什么自然界是按照这些路径来构建的？我们只能这么回答，目前的知识似乎表明，大自然就是这样构建的。我们只能接受。这种状况或许可以如此表述：上帝是一位非常高阶的数学家……[5]

理论物理是一座以数学、逻辑学和美学构筑的神殿，在其中工作和生活本身就是一种神秘的体验。我有很多同事都相信自然界的终极理论，一种绝对完美的理论，这对我来说并不奇怪。也许这个完美的理论就是哲学家的终极现实；也许它就是物理学家的极乐世界。

运　动

梵高的《星月夜》（*Starry Night*）是我最喜欢的画作之一。它近乎迷幻，描绘了普罗旺斯一个小村在黎明前的夜空。在一座有着青绿尖顶的教堂周围，依偎着一片酣睡的朦胧村舍。远处，我们能看到深紫色的山坡一直延伸到集镇；近处则有一棵深色的柏树，树枝像黑色的火焰一般向上拢卷。不过这幅画的中心舞台还是天空。黄油状的星星融化了黑夜，颗颗都包裹着或白或蓝或绿的夸张光环；月亮则是一轮醒目的橙色新月，镶嵌在黄色的圆盘之上；还有两个奇怪的漩涡在空中翻涌，仿佛银河的波浪。事实上，整个天空看来就像一个宇宙的漩涡。太空被梵高浓稠的笔触描绘成了一种固体形态，环绕着每一颗恒星流转，似被引力和光所掌控。上空怒涛汹涌，人类的小小村庄却安卧于下。《星月夜》不是一幅可以静心观赏的画作。

梵高的画对我而言意味良多，这既是因为其中隐含着直面无限的有限生命[①]，也是出于这位画家的苦痛生活。1889年6月中旬，梵高从圣保罗精神病院二楼卧室的窗户向东瞭望，随后创作了这幅作品。就在一个月前，梵高精神崩溃，众所周知，他就是在那次割下了自己的耳朵，尔后便自愿入住了这家精神病院。天文学家已经证实，那段时间的月亮不可能是梵高画中的模样。此外，在这家精神病院附近也没有村庄。不过，人们认定画中的一颗特别巨大而明亮的“星星”就是金星，在当时当地确实能看到这颗星。总而言之，就像大多数艺术创作一样，这幅画也是虚构和现实的混合体。我相信，在梵高更为快乐的时期，他一定是处于一种狂喜的状态，就像我在缅因州夜观群星时的心情一样。尽管梵高彻底拒斥了有组织的宗教，但他曾在给弟弟提奥的信中提到，自己有一种“超乎寻常的需要，也可以

① 画中的柏树代表死亡与哀悼。

说就是对宗教的需要，所以才会在夜里出去画星星”。[1]完成《星月夜》一年后，梵高自杀身亡，时年37岁。

故事还没结束。1990年，一些医学研究者在《美国医学会杂志》上发表了一篇文章[2]，按他们的诊断，梵高的精神病至少有一个诱因——美尼尔症，又名眩晕症，是一种内耳疾病。这种眩晕会让你觉得自己或周围的世界在运动，而实际上一切都是静止的。有时你会觉得自己正在坠落或旋转，让你头昏眼花。

运动和静止的概念比表面上看起来的要复杂得多。接下来的这个隐喻很好懂。莎士比亚笔下的奥赛罗对蒙塔诺说道："你虽年轻，但你的稳重和沉静①举世皆知。"[3]以此来表明蒙塔诺的踏实和可靠。他好静，不是个到处胡蹦乱跳的人，是可以理解、可以预料、可以讲理、可以信赖的。埃米莉·狄更生曾在一首诗中将沉静比作“平滑的心”。[4]沉静意味着平和、专心、安静、均衡、沉着，也就是说可以确定一个人已经完全理解了自己的处境，并能与世界和谐

① 原文“stillness”既有沉静之意，也有静止之意。

相处。倘若与神合一，我们就获得了终极的沉静，永恒的止息。沉静和完全静止都属于“绝对”的观念。

再说物质方面。在亚里士多德的宇宙论中，万物都各有恰当的位置和运动。地球的恰当位置就是宇宙中心，它本身被认为是绝对静止的，其他事物的运动都可以根据这一位置来测量。包括其他行星和恒星在内的天体都在围绕静止的地球转动。此后便出现了哥白尼、伽利略和日心说的行星系。牛顿接受了地球处于运动之中的主张，但他认为还有一样东西是绝对静止的，即上帝的身体。然而，牛顿从未谈论过该如何科学地确定相对于上帝的运动。他自己的物理学排除了一切绝对静止的概念。比如，在他的力学方程中，只有两个物体之间的相对运动才能被测量或具有物理意义。牛顿既是虔诚的信徒，也是物质世界的逻辑学大师，但他在无凭无据的情况下就直接表述了自己的神学观点。

事实证明，运动和静止这两种迥异的概念不可避免地会将我们推向科学、宗教和物质世界本质之间的关联。

7月的一天，暖阳高照，我躺在鲁特琴岛的一处布满了苔藓的山肩上抬头仰望。据我估算，在这个纬度上，我正以约1207千米/时的速度转动着，因为地球在绕地轴自转。但我毫无感觉。并没有风从我耳边呼啸而过。这是因为地球的空气也被这颗旋转的行星拖动了，而且加速度很小。因此，只有我心里知道我正在运动。对那些在1851年的某天聚于巴黎天文台子午仪室的观众来说，情况大概也相差无几，看着一个巨摆的摆动平面慢悠悠地转动，这肯定会造成思想上的冲击。根据物理定律，这种转动就是地球在绕轴自转的证据。一位出席了这次活动的记者在翌日的法国《国家报》上表示："在约定的时间，我就在那里，在子午仪室里，我看到了地球的转动。"[5]但这位记者到底看到了什么，或者感受到了什么呢？无非是我躺在缅因州那个长满苔藓的山肩上的所见所感罢了。是别人告诉这位记者，单摆的摆动平面在转动是一种错觉，实际上这个摆动平面是固定的。是别人告诉他，旋转的是摆下的桌子，是地球在旋转。

那么地球又相对于什么在旋转呢？相对于群星，庞都斯的赫拉克利特、哥白尼和牛顿如是说。群星是固定在太空中的吗？或者它们也在移动？相对于什么而动呢？想想看：我正躺在鲁特琴岛的一处长满苔藓的山坡上，这是美国东北海岸外的一块小小的土地。我相对于地面是静止的，但地面相对于地心的旋转速度约为1207千米/时。同时，地球正以约10.7万千米/时的速度绕太阳转动；太阳正以约80万千米/时的速度绕银河系的中心转动；而银河系也在以某种速度穿行于星际空间……层层叠叠的运动，想弄明白这一切，只会把你的脑袋转晕。

难道就没有绝对的静止吗？绝对静止或许只是人类想象力的产物，它表达的是我们对莎士比亚笔下那种踏实感的向往，或是对埃米莉·狄更生所说的心之平滑的渴望。就个人而言，我很知足，我躺在缅因州的一座长满苔藓的小山上，明白自己相对于地面是静止的。

在19世纪，绝对静止的概念再度出现了——其形式不再是某个独特的天体，而是一种无处不在的流体——以太，它填充了所有空间。那些老在捣蛋的理论物理学家靠纸笔构想出了这种几乎没有重量也看不见的东西，它们就像幻影般的海洋，遍布于六合之内。若存在这种宇宙之海，我们应该就能通过实验来测量相对于它的任何运动，就像测量船在水上移动的速度一样。由于以太填满了所有空间，所以可以认为它是完全静止的，无需参照他物。换言之，以太可以算作是绝对静止的。那么每颗行星、恒星或其他任何东西也都可以说是在以某个时速穿行于以太之中。有些物体可能会在以太中保持静止，就像一艘抛了锚的小船。可这以太是从哪儿来的？又为何会存在？

就在美国内战结束之时，苏格兰理论物理学家詹姆斯·麦克斯韦用四个巧妙的方程将电和磁的理论统合了起来，此后的每一个物理学研究者都对这套方程组青睐有加。而我在大二时学习了麦克斯韦方程组。它的贡献之一就是表明我们所体验到的光现象其实是在空间中穿行的电和磁振动发出的波。以太就此登场。

19世纪，所有已知的波都需要某种物质介质来传播和移动。例如，声波就需要空气或其他物质介质。抽空房间里的空气之后，你可以尽情尖叫，但没人能听到你的声音。事实上，空气中的声波不过是空气分子在相互推搡，不断拉开推合，以一种线条优美的模式从一地传播到另一地。水波也是如此。水波就是水面移动的涟漪。把水抽空，水波便不存在了。以此类推，人们认为光也需要一种物质介质，即以太，才能从一地传输到另一地。此外，由于我们能看到遥远的星光，所以以太必定占据着所有空间。

人们做了各种实验，企图测量地球在以太中穿行的速度。照此推论，既然地球在绕日转动，那么它肯定也在以太中穿行，就像船在湖中航行一样。因此，从公转中的地球向不同方向发出的光波应该会以不同的速度传播。只有静停于水面的船，水波自它向各个方向传播的速度才看不出变化。但让实验者深感惊愕的是，无论在哪个方向上，光波的传播速度始终如一。

1905年，26岁的专利局小职员阿尔伯特·爱因斯坦提出，以太或许并不存在，他认为绝对静止的观念只是一场幻梦。你没法确定一颗行星或其他任何东西在任何绝对意义上的速度，因为并没有固定的、无处不在的参照系。只有两个物体的相对运动是可以测量的，比如行星与其环绕的恒星。爱因斯坦的想法远未止步于此。这位大胆而年轻的专利局职员沿着自己设想的逻辑线索不断前行，他最终意识到，时间也只能是相对的。按照爱因斯坦的说法，绝对时间的信念——一秒就是一秒，何时何地都是一秒——是基于一种对世界的虚假印象。爱因斯坦就像电影《黑客帝国》里的主人公尼奥一样，逐渐发觉自己对现实的感知出了严重的问题。尼奥以及这世上所有人的大脑都被一台主机强占了。我们的大脑虽然没有被电脑接管，但我们笨拙的感官知觉却让我们对时空的动向产生了错觉。爱因斯坦宣称，即使所有观察者的时钟都完全一样，两个事件相隔的时间也要取决于观察者相对于这些事件的运动。也就是说，两台相对于彼此而运动的时钟，并不会以相同的速率走时。两者的相对运动速度越大，其时间差异就越大。为什么我们人类没有注意到这种怪诞的现象呢？因为其间差异很小。除非相对运动的规模很大，远超我们的日常体验，这种差异才能被人感知。

我有时也会试着想象，当年轻的爱因斯坦对空间、时间和运动作出重大发现时，他是何种状态？他是怎么想的？他的胆量和勇气，他的自信，甚至傲慢是从哪儿来的，竟敢挑战人们对时间的理解？历史上能找到类似的例子吗？亚历山大大帝？哥白尼？马丁·路德？马塞尔·杜尚？我想象着瑞士伯尔尼的那家促狭的专利局，它就位于仓库街的一栋四层石砌建筑内。在我的脑海里，我能看到室内有六张木桌，受压变形的书架上堆放着各种专利说明文件，还有磨损的木地板、墨水池、钢笔，以及墙上的一座钟。1900年，爱因斯坦拿到了本科学位，却并没有被哪个物理学研究生项目录取。显然，大学教授们并没给他好评，他也不愿像其他学生那样卑躬屈膝。而且他并不总是掩饰自己对那些受人敬重的教授的看法。1901年，爱因斯坦向苏黎世大学的阿尔弗雷德·克莱纳（Alfred Kleiner）教授提交了自己的博士论文（完全是他自己构思、研究和撰写的）。在这篇论文中，爱因斯坦批评了克莱纳的一位同事的著作。一个月后，爱因斯坦在给恋人米列娃·马里奇（Mileva Marić）的一封信里写道："既然讨人嫌的克莱纳还没回复，我准备周四就去找他……［克莱纳］这类人会本能地把每一个聪明的年轻人都当成对他的玻璃心的威胁……

但如果他胆敢拒绝我的博士论文，那我就要用白纸黑字把他的拒辞和这篇论文一并刊出，让他自取其辱。”[6]

爱因斯坦从小就十分叛逆，独来独往。他的妹妹玛雅还记得，在爱因斯坦七八岁之前，每当有人问他一个问题，他都会喃喃地回答两次，一开始是默默地自言自语，然后才会大声回答，仿佛是需要先倾听自己内心世界的答案。16岁时，这个小伙子放弃了德国国籍，他讨厌德国体育馆里那些教员的严格管教。高中辍学后，他和家人搬到了米兰。后来，他的父母又不接受米列娃（他最终娶了米列娃），这更是让年轻的爱因斯坦感到内外交困。米列娃也是一名物理学家，她比爱因斯坦大3岁，有先天性跛足。1900年，爱因斯坦给她去信道：“我爱你，但我父母对此非常苦恼。”[7]（他当时21岁。）“老妈哭得很伤心，我在这儿一刻也清静不了。我父母都在为我哀悼，好像我死了一样。”即便无法在学术界攻读研究生，爱因斯坦还是继续独自阅读和思考物理学。他的生活近乎贫困，靠微薄的家教工资勉强度日。最后，在1902年初，他得到了伯尔尼瑞士专利局的一份工作。这里收入稳定，也不必忍受那些大腹便便的教授。在快速而出色地完成专利申请检核工作之余，他还能独自思考物理学和自然界。

要掀起一场思想上的革命，往往需要一个年轻人，一个还没有被前人的知识和世界观所钳制的年轻人。达尔文最初构想自然选择理论的时候只有28岁。毕加索发明立体主义的时候只有26岁。叛逆的天性可能也是要素之一。爱因斯坦对现有的科学、社会行为规范、老师、有组织的宗教以及他的祖国几乎都没什么忠诚和承诺可言。他对所有绝对的事物也是一样（只有对“合法则宇宙”的信念是个例外）。爱因斯坦否定了物质世界中存在来世、不朽和永恒的可能性。即便他信仰上帝，那也不是一个关心人类事务的人格化上帝。然而，和斯宾诺莎一样，爱因斯坦确实相信宇宙有一种庄严的秩序。20世纪20年代中期的一天，他在柏林的一场晚宴上谈到了这些信念（被一位客人写进了日记）：“试着用我们有限的手段去窥探自然的奥秘，你会发现，在所有可辨的法则和关联背后，仍有一些微妙的、无形的、费解的东西。对这种超出我们理解的力量的崇奉，就是我的宗教信仰。”[8]几年后，爱因斯坦在接受诗人、德国宣传家乔治·菲尔埃克（George Sylvester Viereck）的采访时，更明确地表达了自己的宗教观。这次采访是在爱因斯坦的柏林公寓里进行的，爱因斯坦与米列娃离婚后又娶了表妹埃尔莎（Elsa），后者此时为二人端上了山莓汁和水果沙拉。菲尔埃克单刀直入地询问爱因斯坦是否相信上帝。爱因斯坦答道：

> 我不是无神论者。这当中涉及的问题对我们有限的头脑来说太大了。我们的处境就像一个小孩子闯进了一座巨大的图书馆，里面摆满了语言各异的书籍。这孩子知道那些书肯定是有人写出来的。但他不知道是怎么写的。他也看不懂书里的语言。这孩子隐隐约约地疑心这些书是以一种神秘的秩序排列起来的，却不知是怎样的秩序。在我看来，这就是最聪明的人对待神的态度。我们能看到宇宙被奇妙地安排好了，遵循着某些法则，但我们对这些法则只有很模糊的理解。[9]

爱因斯坦发现了相对的世界。他废除了绝对运动、绝对时间和绝对空间。然而，他确实相信一种“绝对”。他相信这世界背后有一种优美而神秘的秩序，一种“微妙的、无形的、费解的”力量。很多科学家都体验过爱因斯坦所描述的这种“神秘秩序”，无论他们相信的是人格化的上帝、非人格化的上帝，还是根本没有上帝。这些体验通常会发生在某些超越性的时刻，与我之前谈过的超越性体验多少有些类似。可惜很少有科学家讲述过这些体验。沃纳·海森堡[①]在25岁时探知了量子物理的基本原理，他在自传中就描述了自己发觉这个新理论行得通的那一刻。大病初愈之后，海森堡向哥廷根大学请了两周的假，独自去了北海的一片德国群岛，每天就是散步、长时间地游泳和思考科学问题，除此之外什么也不做。“起初，我深为震撼。我有一种感觉，透过原子现象的表面，我看到了一个出奇美丽的内部，一想到我现在必须探索大自然如此慷慨地铺展在我面前的丰富的数学结构，我几乎欣喜若狂。我太激动了，

① 沃纳·海森堡（Werner Heisenberg，1901—1976）：德国物理学家，量子力学的主要创始人，1932年获得了诺贝尔物理学奖获。

简直睡不着觉。”[10]詹姆斯·沃森①也描述了自己发觉DNA必定是双螺旋结构的时刻：“午夜之后，我越来越兴奋。有好多天了，弗朗西斯［·克里克］和我一直担心DNA的结构可能最终从表面看会非常枯燥，对它的复制或控制细胞生物化学过程的功能都不会有任何提示。但现在，我既开心又惊奇，答案非常有意思。”[11]

当然，这些体验在一定程度上都是解决了一个数月甚至数年未解的难题后产生的兴奋，或者是艺术家在创作新作品时的喜悦。然而这些体验给人的感觉又不止如此。当我躺在鲁特琴岛的这座长满苔藓的小山上时，我在脑海中飞速地穿过太空，回到了自己的科学发现之屋，与爱因斯坦、海森堡或沃森的殿堂相比，我这屋子无疑只能算是陋室。但它真实可感。我回忆着：几个月来，我一直在研究一个问题，关乎超高温气体中产生的粒子及其反粒子，由能量转化来的物质，但似乎一无所获。我被难倒了。那是几月份来着？大概

① 詹姆斯·沃森（James Dewey Watson，1928—　）：美国分子生物学家、遗传学家，1953年他和生物学家弗朗西斯·克里克（Francis Crick）发现DNA双螺旋结构，被誉为“DNA之父”。

是6月吧。屋里很热。我记得那是个周日的清晨。早上五点左右我就醒了，睡不着了。我的脑子正在运转。我在思考这个物理学问题，我在探究它。我的脑袋从肩膀上抬了起来。我觉得自己失重了，正在漂浮。我感受不到自己了，我在哪儿，我是谁，一概不知。但我确实产生了一种正确感。我强烈地感觉到，我洞悉了这个问题，对它心领神会，而且我很清楚我是对的。在隔壁房间，我两岁的女儿正在床上扭来扭去地咳嗽着，我爱人还在睡觉。而我却像一块光滑的石头掠过了水面。不知何时，我已静静地坐到了餐桌前，桌上放着满是褶皱和咖啡渍点的演算稿，曙光刚刚透过窗户照进来，就像梦的尽头一样。我独自一人，这就是我想要的。我无需帮助。我独自面对着这个问题，参透其间的隐秘。我突然明白那些零散各异的碎片是怎么组合到一起的了，这过程既让人吃惊，又颇感熟悉——带有某种必然性，就像莎士比亚的十四行诗，一字一句都不能改动。我浑身充满了能量。在那些方程中，我看到了某个事件的曲线——它的数学解。但这可不仅仅是数学问题。根据这些方程，在宇宙的某处，也许是在另一个星系，这个事件可能正在发生。怎么做到的呢?

我触碰了什么?

这样的时刻在所有艺术和科学之类的创造性活动中都司空见惯。但在科学领域，它与物质世界有着至关重要的联系。科学中的超越性时刻既关乎内在，也关乎外在。你深入自己的想象和存在之中，那完全是你个人在体验。但同时，你也会发现一些比你更大的东西，它存在于你自身之外的世界。这是一种双重发现，既存在于你的内心，也存在于外部的世界，这是一种模式，一条法则，是自然结构的一部分。尽管世界是相对的，但你依然能感觉到某种永恒的东西，静止的东西。你与它联结，虽然并不完整。你能感受到爱因斯坦所说的神秘。而这个巨型图书馆里的书是从哪儿来的呢?

居　中

几千年来，绝对静止的概念一直是地球位于宇宙中心这一世界观的一部分。亚里士多德认为不可能有两个这样的中心，否则地球和所有类地物质就不知该以哪个中心为依据，这有悖于人们的观察结果——抛出的石头清楚地知道该落于何处。如果地球确实处于某种特殊的地位，那么宇宙万物自然就是为我们而造的了——即便不是为了我们的利益，至少我们地球人也是某种宇宙布局中的重要一环。中心的出现并非偶然。唯有如此，一个以我们为中心的宇宙规划才能引出一个关心人类个体的人格神的概念。

事实上，当今世上的大多数人都相信某位人格神。皮尤研究中心在2008年的一项调查发现，60%的美国成年人相信“神就是人们都可与之建立关系的一个人”。[1]美国国家民意研究中心的一项类似调查发现，67%的美国人都认同这个观点，“有这样一位神，他会切身地关心每一个人”。[2]著名的基督教思想家、哲学家阿尔文·普兰丁格曾在《基督教信念的知识地位》一书中写道，经典的基督教信仰认为“上帝是一个人：也就是一个兼有智慧和意志的存在者……一个［有着］情、爱、恨的人”。[3]

最近的科学发现似乎对人格神的观念形成了挑战。当然，它们也挑战了宇宙是为我们人类而造的这一看法。2009年，人们发射了一颗名为“开普勒”的天文卫星，专门用来搜索“宜居带”（即与中心恒星的距离适当、利于液态水存在的地带）的行星。它发来的数据表明，10%左右的恒星周围至少有一颗“宜居”行星。2017年初，另一颗天文卫星，即美国国家航空航天局斯皮策太空望远镜，在一颗恒星周围发现了七颗宜居行星，距地球仅40光年（就星系来说已经很近了）。[4]

仅在我们银河系中就有数千亿颗恒星，而在可观测的宇宙中则有一千亿个星系。宇宙中某处存在生物的可能性是极大的。虽然我们不知道地球上的生命到底是如何形成的，但要说在那亿万的宜居行星上没有生命存在的可能性，就好比说十亿兆干旱森林里从没发生过火灾一样。有一点几乎可以肯定，宇宙中其他地方的生命不会跟我们一样。但生物学家，甚或艺术家和哲学家都会承认那是生命。有这么多承载着生命的世界，加上数十亿年的宇宙演化，一定会产生一大批文明，有些不如我们先进，有些比我们还要发达。

回到人格神的问题上来。没有什么说得通的理由可以解释，为何我们地球上的特定文明应该比其他十亿兆文明更值得关注——况且每个文明都可能有自己的摩西、亚伯拉罕和奎师那的故事，更不用说这十亿兆文明中每一个文明里的亿万生灵了。要照顾如此庞大的信众群体和不计其数的灵魂，一个人格化的神恐怕会忙得不可开交。但话说回来，我们对神的能力其实一无所知。

死　亡

8月初，我躺在鲁特琴岛家中阳台的吊床上。（就在刚才，我突然发觉自己在这个岛上花了好多时间坐着或躺着，基本什么也没干成。不过今早我算是把一个烦人的树墩子给连根拔出来了，我耐心地挖除了每条粗根下的泥土，然后用链锯把这些粗根逐一锯断，直到这个曾经有些吓人的树墩子变成了一个赤裸在外的无依无靠的东西。它的力量被褫夺了，我像捡婴儿玩具那样把它捡了起来，然后扔进了树林。）不过还是回到吊床上来吧。我慢慢相信浪费时间是有好处的了。实际上浪费时间可能也是很有必要的。在这种时候，我们的心有机会去思考它想要思考的东西，而不必承受外界的打压。

我的妻子是一位画家，25年间，我们来这个小岛就是为了浪费时间。爱因斯坦曾说没有什么是绝对静止的，但我的中心始终在这个岛上。太阳在绕着银河系转动，地球在绕着太阳转动，这个小岛则随着地球在太空中飞驰，但无论它行至何方，我都如影随形。我在这儿扎了根，就像山下的玫瑰，执拗而多刺。此刻，我能听到海鸥的鸣啭，以及穿过林间的清风，就好似远处的瀑布声和海湾里船机的微弱颤声。还有稳定而细微的海浪声，与鸟儿柔和的吟唱形成了一种复调。但这一切都归于此地丝绸般的缄默。我接受这种缄默。我孕育了它，它也孕育了我。在这个岛上，我离世间的喧嚣纷杂不知有多少光年。和梭罗一样，我来到这儿“是因为我希望过一种深思熟虑的生活，只面对人生的基本事实，看看我能不能领悟生活必然要教给我的东西，而不是到临死之际才发现自己没有活过”。[1]我选择活下去。如今，我这副皮囊，这只老走兽，已经六十有七了。

当我们乘船接近鲁特琴岛时，远远看去，一片岩石和绿丛会渐渐从海面上升起，我强烈地感觉到，它存续的时间会远远超过我的寿命。100年后，我已离去，但这些云杉和雪松大多还会在这里。穿过它们的清风听来依然像是远处的瀑布。这片土地的轮廓仍旧会和现在一样。我游走过的小径可能还在这里，尽管有可能被新的植被覆盖。岸上的岩石和岩脊也会留存下来，有一块岩脊我非常喜欢，形似一只大型动物的指节背部。有时我会坐在那块岩脊上（多半是坐着），琢磨着它还会不会记得我。连我的房子都可能还在这里，至少承重的水泥柱子不会消失，它只会在咸湿的空气中慢慢瓦解。但最终，甚至连这整座岛都无疑会移位、改变并消散。按地质时间来算，鲁特琴岛甚至可能会无迹可寻。2.5万年前，这个小岛尚无影踪。当时的缅因州和北美大部分地区都被数千米厚的冰层覆盖着。2.5亿年前，连大西洋都不存在。欧洲、非洲和北美仍是一整块大陆。物质世界中没有什么能够持存。一切都在改变，然后消逝。

一定程度上，对诸多“绝对”的信仰——永久、恒定、不朽、灵魂，甚至神——无疑都是由对我们自身必有一死的认知所激发的。我希望我能像世上大多数人一样相信来生，或者灵魂。“这种和谐存在于不朽的灵魂之中。”《威尼斯商人》中的罗伦佐如此说道。[2]犹太教徒行将离世时，他们最后的祷告就是将自己的灵魂托付给上帝，以获得永生。我认识一位博学多识、魅力非凡的南方拉比——迈卡·格林斯坦（Micah Greenstein），他告诉我，来世就是与上帝的终极重连。迈卡温和地容忍了我的怀疑论，他向我解释说，上帝在希伯来语中的一个称呼是“el maleh rachamim”，意为“充满子宫的神”。所以，死后归于上帝，就相当于重回子宫。这种观念与罗兰所谓“海洋般的感觉”实有异曲同工之妙，让我讶叹不已。弗洛伊德曾以母婴完全合一的体验来类比这种感觉。我真希望我能相信。我将永远拥有鲁特琴岛，以及我和亲友们的自我。那么多的问题和疑虑都有可能得到回答。

就我所知，在藏传佛教中可以找到有关来生的最详尽的描述。几年前，我在威斯康星州的一场佛教禅修活动中第一次了解了这些信仰。[3]白天，我静静地坐在一个圆顶的圆形房间里，和十几个人一起冥想，房间里有一些巨窗，可以看到外面的树木。晚上，我隐居在自己的小屋里，读着《西藏生死书》（*The Tibetan Book of the Dead*）。按照佛教传统，我们都经历过无数次生死轮回，不断重生，直至完全开悟，那时我们就进入了永恒而神圣的涅槃境界。在每一次死亡和重生之间，我们会处于一种名为“中阴”（bardo）的居间状态，此时我们的意识尚存，但并不依附于肉体。佛经以错综复杂的细节呈现了中阴的各个阶段。中阴虽不存在惯常的时空，但对常人来说，每一次死亡和重生之间的时间大约就是物质世界的49天。那些能够开悟的幸运儿可以提早摆脱中阴的状态。

我认同一种观点，就是科学和科学世界观或许涵盖不了所有的存在。在物理宇宙之外可能还有一些存在之域。我们只是不知道自己不知道什么。既然是非物质领域，那我们也就无法用物理宇宙中的方法或手段来加以证明或反驳。科学在理解物质世界方面取得了惊人的成功。但科学仅限于这个世界。在我看来，宗教领域不一定是合乎逻辑或自洽的，甚至不一定是可理解的。但还是那句话，我们不知道自己不知道什么。我觉得那些试图用科学论证来反驳上帝存在的著名科学家们都没有抓住重点。

尽管如此，我还是想为我所相信的一切找到某种证据——哪怕是来自个人或超越性体验的证据。我始终认为任何关乎物质世界的主张都要提供证据。我真的很好奇藏传佛教是如何对死亡和重生之间的存在作出如此华丽的描述。经历过中阴的旅者曾回到世间并公布自己的见闻了吗？有人说是。一些喇嘛并没有如此自诩，但其他人还是认为他们踏上过这段旅程，又返回了世间。撇开中阴的非物质性不谈，这些传闻是如何让大多数没有经历过的人信服的呢？说到底，信与不信，都取决于你。

在威斯康星州为期10天的禅修活动结束时，我感到出奇的清爽，就像从一场漫长而宁静的睡眠中醒来，但我对来生的看法并没改变。在这个8月的傍晚，我躺在吊床上，感觉时间正一点一点地向我的终点流逝，我相信那会是最后的终点。但这种终结并不会削弱生命的壮美。时间一分一秒地过去，我一次又一次地呼吸。吸气，呼气。这些我珍爱的、熟悉的云杉和雪松、风、潮湿的黑土的芬芳，都是我感受到的小小觉悟，我的前世、今生和未来的人生都在这一瞬之间。

犹太教和基督教的不朽灵魂，以及佛教中漂浮于中阴里的无实体意识，即便它们存在，也不可能是物质。所有物质性的事物——电子和夸克、原子和分子，以及产生了这些粒子的能量和这些粒子所产生的能量——都是物质世界的一部分。而且按照科学的观点，所有物质都要受法则支配。法则容不得永生，容不得无实体的存在，容不得虚无缥缈。一个自然法则的信徒，一个像我这样的唯物论者，要如何看待自己的死亡呢？对此般特殊的唯物论者来说，我认为生死之间的区别可能被高估了。我慢慢认识到了一点，死亡是随着意识的不断削弱而逐渐发生的。

我来解释一下吧。按照科学的观点，我们由且仅由物质性的原子构成。准确点说，一个人平均是由大约7×10^{27}个原子（7000尧个原子）组成的，其中有65%的氧、18%的碳、10%的氢、3%的氮、1.4%的钙、1.1%的磷，以及另外54种微量化学元素。我们所有的组织、肌肉和器官全都是由这些原子组成的。而且按照科学的观点，再没有其他东西了。对一个巨大的宇宙生物来说，我们每个人看起来都不过是原子的聚合体，身上的各种电能和化学能都在嗡嗡作响。无疑，这是种特殊的聚合体。石头可不会像人一般行动。然而，就科学而言，我们体验到的意识和思想之类的精神感受，纯粹就是神经元之间纯物质性的电和化学的交互作用的物质之果，而神经元也无非是原子的聚合体。待我们百年之后，这种特殊的聚合体就会瓦解。我们辞世时，体内的原子总数仍会保持不变。这些原子依然存在，只是星离雨散。

在这些需要考量的因素中，尤其特殊的是大脑。从科学视角来看，大脑就是自我意识的来源，我们的记忆储存于此，难以捉摸的“自我”（ego）和“我性”（I-ness）也在此形成。神经学家对大脑进行了非常详细的研究。我们了解了很多，未知的也有不少。但这个器官的物质性是毋庸置疑的。有充分的证据表明，大脑的信息处理和存储都是由一种名为“神经元”的脑细胞完成的。人脑平均约有1000亿个神经元，每一个神经元都会通过一些长纤维与另外1000到10 000个不等的神经元相连。这些神经元的发电部位和化学成分大体都已为人所知。电信号产生后就会穿过神经元的纤维，在神经元之间的接合处催生化学流，然后在下一个神经元中再次引发电信号。从量化的角度，我们对这个过程已经有了详尽的了解。我们的自我认同似乎大多都以长期记忆为基础，长期记忆的形成则是通过神经元间新联结的物质生成和对现有联结的强化来完成的，而这一切都源起于一些特定的蛋白质。

尽管我们已经了解了大脑的物质属性，但意识（自我意识，我性意识）的感觉还是非常强大且令人信服的，它对我们的存在而言必不可少，却又格外难以描述，以至于我们最终给自己和他人赋予了一种神秘的特质，一种高贵的、非物质性的本质，其绽放比任何原子聚合体都要壮阔得多。对有些人来说，这神秘的东西就是灵魂；对有些人来说，它就是“自性”（Self）；对另一些人来说，它就是意识。

灵魂，众所周知，我们没法用科学的方式探讨。但意识以及与之密切相关的自性则不尽然。意识和自性的体验不就是由亿万个神经元的连接、电流和化学流引起的幻觉吗？如果你不喜欢“幻觉”一词，那也可以坚持用“感觉”这个词。你可以这么看，我们所说的自性，就是我们为神经元中的某些电流和化学流所引发的心理感觉起的一个名字。这种感觉植根于物质大脑。我一点也不想通过确认大脑的物质性来矮化大脑。在我们看来，人脑之所以能具备想象、自省和思考这样的奇技，正在于我们是一种至高的存在。但我还是得说，大脑就是一些原子和分子。如果有个巨大的宇宙生物细致地检查了人类，他/她/它肯定能看到液体在流动，钠和钾的大门[①]正随着神经细胞中飞奔的电流而开合，乙酰胆碱[②]分子在神经元突触间迁移。但他/她/它不会发现什么自性。在我看来，自性和意识就是我们为所有电流和化学流所产生的感觉起的名字。此外，大脑甚至好像也不存在一个“执行分支”，或者说一个根据大脑其他区块所输入的信息来执行决策的中心位置。相反，神经科学家们认为，这种认知机能就分布于所有神经回路[③]之中。

若有人一个个地拆解我大脑中的神经元，我可能会首

① “大门”指钠钾泵，一种特殊蛋白质，可以将细胞外浓度相对较低的钾离子送进细胞，并将细胞内浓度相对较低的钠离子送出细胞。

② 乙酰胆碱：一种神经递质，负责在神经元之间或神经元与效应器细胞之间传递信息。

③ 神经回路：脑内不同性质和功能的神经元通过各种形式形成的复杂连接。

先失去一些运动技能，接着是某些记忆，然后可能会失去找到特定单词造句的能力、识别面孔的能力，以及知道自己身处何地的能力。当然，这个过程要取决于他选择拆解的起始点。在我的大脑被慢慢分拆的过程中，我会越来越迷茫。我与自我和自性的一切关联都会逐渐消散于困惑和最低限度生存的泥潭之中。外科医生可以将取出的神经元逐一放进一个金属碗里，每一个神经元都是微小的灰色胶状斑点，轴突和树突①纤毫毕现。这些小点轻软柔和，你肯定听不到它们扑通落碗的动静。

同样地，这些外科医生也可以重建大脑，巧妙地将这些神经元逐一连接，从而创生意识。医生可能会把某些神经元接上一台设备，监测它们组合后的脑电活动。一个接一个的神经元，一个接一个的连接。起初，肯定只有噪音，但到了某个时刻，可能就出现了变化：一个连贯的信号，一种不同寻常的嗡嗡声，粗译过来就是“哎呀，有东西在给

① 轴突和树突都是神经元胞体的延伸部分。轴突多呈圆锥形，每个神经元只有一个；树突呈放射状，每个神经元或有多个。

我捣乱”。

若以为死亡就是虚无，那我们便无从想象死亡。但如果我们将身体理解为物质性的原子序列，将死亡看作意识的完全丧失，那么随着意识的衰退和消散，我们就会以一种渐进的方式接近死亡。生与死的区别将不再是一个要么全有，要么全无的命题。

神经学家安东尼奥·达马西奥（Antonio Damasio）界定了不同层次的意识。[4]最低的层次为“原我”（protoself），拥有原我的有机体能够执行生存的最基本过程，但再无其他能力。阿米巴虫①就有一个原我。我不会把这种程度的存在与意识混为一谈。几乎可以肯定，思维和自我意识所需的最小数量的神经元都远非阿米巴虫可以企及。接下来是“核心意识”（core consciousness）。这是一种自我意识，是在当下思考和推理的能力，但它对几分钟前的事情都没有记忆。这个层次的生物远超阿米巴虫，它也许能理解周

① 阿米巴虫：一种单细胞动物。

围的世界和它在世间的位置，但它只能活在当下。患有某些脑部疾病的人就只有核心意识。他们没法形成超过几分钟的新记忆。他们不记得自己的过往，只有个别时期除外。绝大多数情况下，他们也记不起过去的人际关系、他们所爱的人和爱他们的人。他们无法规划未来，只能困于当下。

意识的最高层次是“扩展意识”（extended consciousness），这是所有健康的人都具备的。藉此，我们能记住自己过去的大部分生活，也可以完全发挥当下的机能。我们可以基于过去的经历记住自己的世界观和价值体系，我们可以记住自己的好恶，以及去过的地方和见过的人。在大多数心理学家看来，自我认同很可能需要扩展意识，即长期记忆。这些问题都很复杂，我们还没有完全理解。

人脑的缓慢分解，无论是由我想象中的外科医生来操作，还是由患上神经疾病的大脑退化引发的，其进程可能都是从扩展意识到核心意识，再到原我。不过这个进程或许也可以不那么有序，它可以将各处的扩展意识和核心意识大片移除，只保留原我。无论如何发展，一个起初还拥有完整意识的人最终都会变成一种阿米巴虫似的存在，只有在生物学家的正式定义中才算得上“活着”。一个人始于完整的生命，终于死亡，或相当于死亡。这个过程可能会逐渐发生，因此我们可能会意识到自己的意识正在日益丧失。

早期痴呆症患者的个人描述能让我们最真切地了解这种迈向死亡的方式。在痴呆症的早期阶段，患者的头脑还足以理解和表达现状。到了晚期，患者则会坠入迷茫的深渊，一去不返。在中间层之下的某处，自我的感觉终将消散。这是个凄凉的话题。一篇出自“塔斯马尼亚岛的利奥”的自述说道：

> 有天我离开医生的诊室，结果找不到自己的车了。我都不知道我在哪儿。最后我总算找到了回家的路……我一生独立要强。现在却要靠我老婆艾莉来监督我做的所有决定。我觉得太难了。说话的时机和语气非常重要，但我现在已经没有时机感了。要么现在就说，不然肯定会忘。大家都从我的生活里消失了。就像离了一次婚。我很怕出洋相。[5]

另一位痴呆症患者泰德也讲述了自己的生活：

我和孙辈们的交流现在不一样了，因为他们知道我跟以前不一样了，虽然还不知道问题在哪儿……我不能像以前那样安心地开车带他们去兜风了，也没法带他们去公园溜达了，因为我怕我会失忆，把他们给忘了，或者威胁到他们的安全。现在我也不愿意一个人去什么地方了，我的妻子为了随时照顾我也早早退休了……另外，我几乎没什么新的记忆可说了，因为最近发生的事我都记不了多久。所以我觉得我的未来已经被掳走了，因为就算我活在其中，也不大可能记得住。最后，要是没有我妻子帮忙的话，我都写不出这些话了……我的妻子现在就是我的记忆库，我那些渐渐模糊的生活片段只能靠她的记忆力才能写下来。有时候，我正打着字呢，就把想说的话给忘了，所以我会告诉她我想说什么，这样就算我边打边忘，她也能提醒我。[6]

我的一些亲友得过各种各样的痴呆症。我们中的很多人并不会经历这种致郁的死法，我自己也不愿多想。但我今天正在冥思生死的边界，而意识以及意识的丧失就是其中的一部分。对一个不信来世的人而言，意识就是其关切的主题。对一个唯物论者来说，有些原子经过特殊的排列，组成了一个功能正常的神经网络，而死亡只是我们在这个原子的集合瓦解后给它起的名字。

从科学的角度来看，除了上面所说的，我没法相信任何事情。但我对这幅图景并不满意。在我心里，我依然可以看到我母亲和往常一样，在波萨诺瓦舞曲中起舞，随着节拍欢快地抖动着臀部。我至今还能听到父亲在讲他的冷笑话:“这个好冷，给我15分钟，我还能再讲一个。”几年前全家一起出海旅行时，他还说过:“这就是幸福。”我时常琢磨：我已故的双亲现在都在哪儿呢？我知道唯物论者的解释，但这并不能缓解我对他们的牵挂，也无法抵消他们依然存在的事实。

很久以前，古罗马哲学家、诗人卢克莱修（我在前文引述过他的话）曾说过，我们不应惧怕死亡，尤其是来生，因为我们完全是由原子（卢克莱修称之为“原初物体”）组成的，我们离世之时，这些原子不过是解散了。

> 由于我已经表明了它［灵魂］是纤细的，由微小的颗粒和元素组成，比流水、云或烟小得多……因此，一旦打碎容器，你会看到水流四散溢出，液体蔓延开来，雾和烟弥散于空中，那么请相信灵魂也会如此扩散于空中吧，而且它会消散得更快，更迅速地解离成原初物体［原子］……[7]因此，死亡对我们来说无足轻重……因为，倘若谁在未来偶然经受了苦痛，那么届时他自己也必须依然存在，才能感受那苦痛。[8]

一位当代作家曾说过，死亡最糟糕的地方并非现实的终结——那时我们已不再有感觉或思想——而在于衰老的亲身体验，即接近终结。随着年龄的增长，我们慢慢丧失了智力和体力，不得不苦苦应付与日俱增的疼痛和不适、减弱的视力和听力、酸痛的关节、衰退的记忆力。对有些人来说，还有逐渐消颓的意识。

有一点我要坦白。我还活着，而对于疼痛的关节和所有的一切，我都甘之如饴。我虽觉得自己只是个原子的集合，我的意识正随着一个个神经元的逝去而逝去，但我依然满足于生命的幻觉。我欣然接受。我知道，100年甚至1000年后，我的一些原子仍将留存于鲁特琴岛，对此我满心欢喜。那些原子不会知道它们从何而来，但它们仍是我的。其中有一些曾是我对母亲跳波萨诺瓦舞的记忆；有些是我对第一套公寓里醋味的记忆；还有些曾是我手掌的一部分。此刻，我若能给这副躺在吊床上的身体的每个原子都贴上标签，印上我的社会保险号，那么在接下来的1000年里，就有人能跟踪它们，看它们漂浮在空中，与土壤混合，成为某种植物和树木的一部分，或者溶于海洋，然后再次浮上空中。有一些无疑还会成为其他人——一些特别的人——的一部分；有一些会成为其他生命和其他记忆的一部分；有一些在经过了漫长的旅程之后，还会返回鲁特琴岛。

确定性

借着油灯的光亮，一个男人正坐在一间透风的屋子里奋笔疾书。他一只手放在一本翻开的《圣经》上，另一只手则握着一根细瘦的翎笔在自己的手稿上挥毫。从字里行间可以看出，此人在忏悔他的罪，祈求上帝的恩典。我们就把这一年设想成公元400年吧。想象一下卡拉瓦乔画中的这个场景吧[①]。画中人穿着神职人员的长袍，头顶半秃，但胡须非常浓密，脸颊在灯火下泛着微光。他的手相当细腻，颇有几分阴柔之气。在他身后，一顶尖尖的主教冠笔直地立于书架之上，冠上的红丝带随意地披垂下来，遮住了下

① 指意大利画家卡拉瓦乔的画作《圣奥古斯丁》。

面的书册，仿佛是在夜晚入眠。这人实际是希波的主教，掌管着这座北非海岸的罗马城镇，城里到处都是石砌教堂和新基督徒。今晚，他独自在修道院的一间小屋里工作。昏暗的灯光下，这位主教看来正沉浸于一片寂静、祥和与安宁之中。可与此同时，他的心中也充满了各种想法。他好像正沉思着手头的研究计划，这在未来将成为基督教神学领域中最具影响力的巨著之一。

没错，这画中人正是奥勒留·奥古斯丁（Aurelius Augustinus Hipponensis）。后来，世人称他为“圣奥古斯丁”“神佑的奥古斯丁”“恩典博士”。他也被称为“确定性的君主”，因为很少有人能如此有力地表达出对上帝的恩典、灵魂的不朽以及绝对真理和绝对道德的确信。亚里士多德承认存在一定程度的确定性，尤其是在道德事务方面。奥古斯丁就没有做出这样的让步，他的确定性是绝对的。比如，他认为无论在什么情况下，撒谎永远都是一种罪——哪怕撒谎是为了保护自己孩子的性命。奥古斯丁的“上帝之城”[1]，即他所谓的与物质宇宙平行的精神世界，就漂浮于“绝对”的神圣以太之中。在义举、真理、善恶、上帝、宿命等方面，奥古斯丁都不留余地。他毫不妥协。他首先确定了自己活着——之所以如此确定，是因为他能够思考。就这个推论而言，他比笛卡尔早了1000多年[①]。以这一确定性为起点，他又转向了上帝的确定性和《圣经》作为上帝之言的真实性。（奥古斯丁的著作里充满了《圣经》的引文，就像物理学家的论述里遍布着各种无可辩驳的方程一样。）这位确定性的君主从《圣经》出发，迈向了绝对真理，即万物都源于上帝，“他口无虚言”。[2]由此他又得出了纯洁和绝对的道德：“虔诚、真确和圣洁都不外乎真理。”[3]对奥古斯丁来说，纯洁是个特殊的挑战。他在《忏悔录》（*Confessions*）中用了不少笔墨来坦承自己的罪行，他强烈支持原罪的观点，认为亚当和夏娃堕落之后，原罪之枷便套在了所有人的脖上。此外，让不少教众都感到失望的是，奥古斯丁声称，只有少数人能凭上帝的恩典而被赦免此罪，也只有上帝知道哪些人能够得救。换句话说，每个人的永恒命运都已注定，这对大多数人来说可不是个好消息。佛

① 笛卡尔曾说过“我思故我在”。

陀也曾断言，“存在”的某些方面是确定的，比如宇宙将无限循环。

我一直在缅因州的小岛上读奥古斯丁的著作。他的信念、真诚以及智慧都让我钦佩有加。他的著作让我想起了泰戈尔的《吉檀迦利》(*Gitanjali*)。泰戈尔用100首短诗表达了他对神的虔敬，每首诗都从不同的角度折射出神的存在。我在岛上的书房里保存着几本我最珍爱的书，包括查尔斯·埃利奥特[①]主编的一套文丛——《哈佛经典》(*Harvard Classics*)。埃利奥特教授在1869年至1909年间担任哈佛大学校长。在他任职的最后一年，他按照自己的判断汇总了西方最伟大的50卷文学和思想著作，被后世称为“埃利奥特博士的五英尺书架”，其中的第七卷就收入了圣奥古斯丁的《忏悔录》。《忏悔录》在奥古斯丁的宏富著作中不过是散珠碎玉，他一生著述80余本，包括《上帝之城》(*The*

---

① 查尔斯·威廉·埃利奥特（Charles William Eliot，1834—1926）：美国著名教育家，哈佛大学第二任校长。

City of God，他最知名的作品）、《论灵魂不朽》（*On the Immortality of the Soul*）、《论自由意志》（*On Free Will*）、《论谎言》（*On Lying*）、《论善的本质》（*On the Nature of Good*）、《论自然与恩典》（*On Nature and Grace*）、《论坚忍》（*On Patience*）和《论不贞的婚姻》（*On Adulterous Marriages*）。他给普罗大众和主教们写过无数私人信件，阐述了自己对上帝的力量与恩典的看法。他的大部分思想都是在看似即兴的布道中脱口而出的，据一些人估算，这些布道文约有8000余篇。奥古斯丁是一位非凡的演说家和卓绝的思想家，30岁即被任命为米兰宫廷的修辞学教授，这在当时堪称拉丁世界最高的学术职位。6年后，也就是奥古斯丁皈依基督教后不久，他经地中海来到了希波。

我很想知道奥古斯丁是如何攀登到确定性之巅的。他穿的是什么防滑钉鞋？这一切都不是出自物质世界。物质世界中的不确定性此起彼伏，人的世界尤甚。维持了几十年的牢固友谊可以毫无征兆地破裂。好人冷不丁开始作恶，坏人突然间开始行善。谁又能确定地料到两个人是否会坠入爱河呢？我们都会死，这是板上钉钉的事，但具体的日期无人能够预知。疾病、工作、事业、婚姻、天气、小行星、冰河期，乃至一片落叶的曲折轨迹都概莫能外。幸好，我们并不需要完全的确定性才能存活于世。我们只需要一点点的确定性。我们可以依靠近似的确定性生活，这也是我们能够得到的。

“绝对”和奥古斯丁式的完全的确定性，从古至今都非比寻常。奥古斯丁的上帝不是一种可能性，上帝的力量不存在限度上的争议。奥古斯丁的理想德行没有丝毫的模棱两可，也没有任何限定条件。有些人注定无法得救，必将在地狱里受永恒的诅咒。奥古斯丁在他那个时代还能想象出什么其他的确定性吗？欧几里得的几何学确实绝对确定地证明了一些定理，只要人们接受初始的公理和假设。但数学是独一无二的。数学是一种形式逻辑体系：“狗都会在路上撒尿。费鲁斯是只狗。因此，费鲁斯会在路上撒尿。”奥古斯丁的绝对确定性宇宙并不是一个形式体系，它不一定合乎逻辑，也不是个永真式。它也不是出自物质世界。奥古斯丁的绝对确定性是一种心理建构，它也构筑于“上帝之城”，是一种美好的抽象。公元400年的科学也是一种美好的抽象。虽然人们对因果关系已颇为理解，但用物理实验来检验假说的方法还需要若干个世纪才会问世。在公元400年，医生会根据行星和恒星的位置来进行诊断和治疗。亚里士多德的物理学和天文学中充满了有理有据的法令，比如重物比轻物下落得更快（误说），但他并不是一个实验主义者。他是坐在扶手椅上得出了这些结论，他没有检验。

据《忏悔录》所载，奥古斯丁是在看望一位好友的时候第一次听到了上帝对他说的话。他当时31岁，对自己早年间的放浪和荒淫懊悔不已。那次他听到附近一栋房子里有个孩子在反复地念诵“拿起来读吧，拿起来读吧”，[4]于是他落笔写道：“我心下暗沉，备受折磨，比往常更严厉地斥责自己，戴着我的锁链翻来滚去。”[5]奥古斯丁认为那孩子的话就是上帝的直接指令，他当即拿起《圣经》，随意翻开一页，然后读到了《罗马书》中的这段话：“不可荒宴醉酒，不可好色邪荡［发生不正当性关系］，不可争竞嫉妒；总要披戴主耶稣基督，不要为肉体安排，去放纵私欲。”[6]奥古斯丁后来回忆道：“在读到句末时，一道宁静之光便注入了我的心田，所有怀疑的黑暗都消失无踪。”

奥古斯丁找到了确定性。[7]

正如永恒和不朽一样，确定性也是我们渴求的一种状态，尽管存在大量的反例。确定性往往能赋予人们控制权。我们迫切地想在自己所处的这个奇怪宇宙里统御万物。人类学家詹姆斯·乔治·弗雷泽（James George Frazer）在其经典著作《金枝》（*The Golden Bough*）中就谈到了原始人是如何发展魔法，以便控制这个充满闪电、风暴和猛兽的无常世界。博茨瓦纳的班图人会在夜里焚烧阉牛的胃，因为他们认为这黑烟能聚集云层，带来雨水。确定性给我们提供了安全性、稳定性、可靠性、可预见性和行为规范。倘若我能完全确定为了自己升职而损及他人事业是不道德的，那么这种确定性就会给我的职业生涯提供一种清晰而恒定的指南。奥古斯丁在神学和伦理问题上的绝对确定性，很可能是心身两方面对确定性的欲望的延伸。

再说说实用层面吧。无论确定性是真实的还是想象的，它都能让我们预测未来，至少在物质世界是这样。而且成功的预测能带来生存优势。如果一个沉重的椰子刚好从我头顶的树枝上掉落下来，而我能估算它接下来的轨迹，知道应该往哪边躲避以免脑袋开花，这对我来说肯定是有好处的。同理，若能预估夜幕降临的时间，我就可以安全地回到自己的洞穴；若能预测季节，我就可以播种和收获；若能预测降雨（通过焚烧阉牛的胃或相信天气预报），我就可以计划远足。

如果这千百年来对确定性的偏好已深入我们的脑髓，变成了一种生存工具，那么不确定性多半也会导致压力和不适。加州理工学院和爱荷华大学医学院的研究实验表明，大脑中有一整片神经网络专门用于评估决策过程中的不确定性水平。[8]这些科学家给受试者提供了数量不等的决策相关信息，并要求他们作出决定，然后特意监测了他们的大脑活动。这些研究者发现，不确定性越大（信息越少），杏仁核①的电活动就越剧烈。杏仁核是大脑最原始的部分，或可称之为“古脑”。众所周知，杏仁核在记忆、决策和情绪方面起

---

① 杏仁核：一种产生、识别和调节情绪，以及控制学习和记忆的脑部组织，位于颞叶前部、侧脑室下角尖端上方。

着最根本的作用，比如恐惧的反应就出自杏仁核。无怪乎我们在不确定时会感到焦虑，在确定时才会感到满足和平静。这些发现支持了一种观点，那就是我们对确定性的欲求源自我们心灵的深处，是我们最古老的DNA的一部分。

按我的理解，奥古斯丁的绝对确定性无疑是个信仰问题。如前文所述，我逐渐认识到科学也是以信仰为基础的，即相信物质世界是秩序和逻辑的领地，而这一信念则源于对外部世界的探索。相比之下，《忏悔录》则清楚地表明，奥古斯丁的信仰并不是出自外部的证据和理性的分析，而是滥觞于他个人的激情和内省。事实上，大哲学家、神学思想家索伦·克尔恺郭尔（Søren Kierkegaard）也曾强调，宗教信仰或许确实与理智和理性分析是不相容的。在克尔恺郭尔看来，靠观察外界而得出的结论从来都是不确定的。我们不能笃信这些结论，因为它们正在被不断修正（比如科学）。然而，我们可以笃信自己内心的激情，因为它们不会受制于外界的意外和转变。我们知道它们是真的，因为我们直接体验了它们。

克尔恺郭尔承认科学和数学是对客观真理的追寻，但那些真理是无趣的，他称之为“平庸的真理”。克尔恺郭尔说，想要有趣，想要获得价值和意义，真理就必须内化，溶入我们的血液，激发个人的激情和人性。（回想一下，泰戈尔在与爱因斯坦的对话中也推崇过类似的真理。）通过这种内在的融合，真理与信仰就紧密地结合到了一起。克尔恺郭尔写道：“若主观可谓真理，那么真理的定义就必须表达出这种客观的对立面……另一种言说信仰的方式。”[9]我们最终也无法通过任何客观含义去认识上帝，所以必须深入到主观中去认识上帝。克尔恺郭尔说：“若能客观地理解上帝，我便不会再有信仰，但正因无法做到这一点，我才必须心存信仰。”

科学虽不具有任何绝对的确定性，但它仍在以一种对未来作出完全精准预测的形式来不断地寻找确定性，或者说“终极理论”。可预测的宇宙是一个由决定论和因果律构成的宇宙。大理论物理学家马克斯·普朗克曾说：“绝对决定论的假设是一切科学研究的必要基础。”[10]在他看来，未来完全取决于自然法则作用下的过去。

人们有时会把决定论的宇宙比作一台巨大的时钟，一个完全机械化的系统。给这台时钟上紧发条，它的零件就会随着内部的弹簧和齿轮运动。从科学角度看，可能有一位无所不知的智者设计了这台时钟，并上紧了发条，但也可能没有。不过一旦启动，这时钟的指针就会依照内部的机制无情地自行转动。

艾萨克·牛顿是这种机械宇宙概念的领军人物之一。在他眼里，物质世界完全由质量和力组成。以原子这样的粒子，或一个咖啡杯为例吧，只要指定它的初始位置和初始速度，以及作用于其上的力，那么它在未来任何时候的位置都是完全确定的。说得再宽泛点，整个宇宙的未来都完全取决于过去，受自然法则的约束。法国学者皮埃尔-西蒙·拉普拉斯（Pierre-Simon Laplace）在牛顿发表《自然哲学的数学原理》一个世纪后说道：

> 因此，我们应该把宇宙的现状视为其先前状态的结果，以及其后续状态的起因。假如某一刻出现了一

位智者，可以理解所有让自然界充满生机的力量，以及各种组成自然界的［物体］的状况……那就没什么是不确定的了，未来和过去都将呈现在他眼前。[11]

机械宇宙是一个因果宇宙。每一事件都是由此前的一个不同的事件引发的，而这个事件也是由前一个事件引发的，依此类推，这条因果长链可以一直回溯到时间的起点。因果，因果，还是因果。

我坐在桌前琢磨着奥古斯丁的宿命论和牛顿的机械宇宙，最让我纠结的就是我自己会不会也是这时钟的一个零件。诚然，我并不完全了解这时钟的机制——也没人知道——但我相信这个机制是存在的。我所有的决定和行动都完全是由之前的事件决定的吗？还是说我拥有自由，能在此刻做出某种不可预料之举，就连上帝、《易经》卜辞、全宇宙都不可预知？[12]换句话说，我是这机器上的一个齿轮吗？当然，在自由意志对阵决定论的主题之下，这个问题也是哲学上的老调重弹了。

意外的是，奥古斯丁相信我们拥有自由意志，尽管上帝事先就知道我们会如何做出每个决定。这位希波主教在《论自由意志》一书中对他假想的论辩对手说道：

> 除非我有所误解，否则你不会直接强迫一个人犯罪，尽管你事先就知道他要犯罪。你的预见本身也不会迫使他犯罪，尽管他肯定要犯罪。如果你真能预见，我们就必须作此假设。因此，这里并不存在矛盾。无非是你事先就知道另一个人会凭自己的意志去做什么。同样地，上帝也不会强迫任何人犯罪，尽管他事先就看到那些人会凭自己的意志去犯罪。[13]

奥古斯丁坚信绝对的善恶，以及罪与救赎（只有少数人能得救），若没有自由意志，罪便毫无意义。要想让罪行成立，我们必须能在每一个决策时刻自由地选择善恶。就个人而言，我并没有被这个论点说服。我没法一开始就假设犯罪的能力是人类状况的一个基本要素。所以，我必须到奥古斯丁之外的领域寻找这个问题的答案：我是一个独立的决策者，还是一台机器？

从科学角度看，我似乎确实是一台机器。我就是众多的分子齿轮和机轮、电流和化学流，在接连不断的因果作用下无情地运转。就科学而言，我的行为完全取决于过去所有质量和力的状态。

20世纪初，机械宇宙观受到了一种名为“量子力学”的物理学领域的挑战。量子力学并未否定科学中心教条，它只是指出，我们不可能完全确知所有质量和力在任一时刻的状态。即使是一个原子，我们也不可能完全确知它的位置和速度。1927年，物理学家沃纳·海森堡明确表述了这种不确定性，它并不是一个测量的近似性的问题。如我们所知，这是自然界的基本属性。即使有无限精确的测量设备，我们也不能完全确定单个粒子的位置和速度。而没有这些准确的信息，我就没法完全确定这个粒子将来会在哪里——即使我能完全确知所有作用其上的力和所有自然法则。量子物理和海森堡不确定性原理的有效性已经在世界各地的实验室中得到了充分确证。事实上，量子物理也是我们这个时代晶体管、计算机芯片和诸多科技设备的核心运作机理。

即便如此，一旦我们从电子和光子等单个基本粒子转向由大量粒子组成的物体，比如神经元和其他生物细胞，量子现实中固有的不确定性就变得不那么重要了。大体上，单个粒子初始状态的不确定性会在一个大的粒子聚合体中实现均衡，正如在拥堵的车龙中，个别汽车的随机加减速都会被平均成车龙最终的恒定速度。回到“人类心智所作的决定”这个眼前的问题上来吧，现代生物学表明，大脑的基本运作单位就是神经元。我们有理由假定，一个神经元的“初始状态”取决于其内部的化学结构——这一结构使得其轴突能与其他神经元相联——以及各个神经元联结的化学强度。由于轴突及其释放的化学信使涉及数百万个分子，所以量子不确定性几乎不可能对神经元初始状态的参数产生什么重大影响。因此，尽管按海森堡不确定性原理的说法，原则上我们无法知晓一个神经元或一个神经元系统的精确现状，因而也无法准确地预测它们的未来状态，但在实际层面，这种不确定性已经被平均到了无关紧要的程度。所以我好像又把自己拉回到了我是一台机器这个观点上。

但自由意志对阵决定论的问题比这类还原更为微妙。因为即使我是一台机器，连接到我大脑的超级计算机可以完全确定地预测我未来的所有决定，这也不代表我可以预测自己未来的行动和决定。这样的预测需要另一个层面的思考：意识到我自己的头脑，也就是说，意识到一个能意识到自身运作的头脑。如此一来，我就是一台可以自我参照的机器了。就像所有自我参照的命题一样，这会引发严重的问题。要意识到我自己的头脑，我必须意识到一个拥有自我意识的头脑，而这个想象中的头脑也必须能意识到一个拥有自我意识的头脑，永无止境。这个问题会陷入无穷无尽的倒退之中，就像两面朝向对方的镜子，彼此反射的图像都包含着对面的镜子以及其中的一个缩小版的自己，而这个缩小版的自己又包含着对面的镜子以及其中的一个更小的自己，永无止境。

再进一步思考，我发现即使是这些延伸的考量也可能遗漏了一个要点。自由意志这一概念需要一个意志者，一个作决定的“我”，一个驾驶舱里的飞行员。我在前文说过，我认为“我”只是一种幻觉。我认为，“我”并不存在，自性也一样。在我和很多生物学家看来，意识和自性的强烈感觉不过是我们为脑瓜里来回发送电脉冲和化学脉冲的1000亿个神经元所引发的心理感受起的一个名字。事实上，我在书中频繁肆意使用的第一人称“我”只是一种欺骗、构想和幻觉。在此情况下，自由意志对阵决定论的问题恐怕并不容易阐明。显然，有某种机制在起作用，使得“我”这台电脑能产生各种想法、话语和击键动作。但这是个复杂的机制，没有一个神经元或一组神经元能戴上舰队司令的帽子。为了方便起见，我会遵循惯例，继续行动和写作，表现得好像有一个“我”一样。毕竟用“2016年的名为艾伦·莱特曼的脑瓜里的上千亿个神经元之间相互传递的电流和化学流”来替代“我”实在太繁琐了。仔细考虑一下这些新想法，“我”现在觉得“我自己”比以往更像一台机器了。

我承认，经过这些沉思之后，我并没感到开心。我在办公桌前坐得太久了，现在我只想起身，沿着一条曲径散步，这小径一直延伸至鲁特琴岛的北端，那儿有一张我很熟悉的长凳，饱经风雨。小径逶迤迂回，山月桂、杨梅树丛和云杉树枝紧贴两侧。一路上，我都看不到前方2米以外的地方，所以感觉自己就像在穿越一条狭窄的绿色隧道。但我恰巧知道尽头会有一张覆着地衣的长凳在等着我。当我的脚轻轻地落在这条苔藓铺就的地毯上时，我能听到岛上连绵不绝的音乐、海洋的呼吸、看不见的鸟儿的歌唱。听吧。在我的脑海中，我听到了维瓦尔第[①]《春》的开场乐章，听到了他对鸟儿的呼唤。那是永恒的音乐。现在我坐在这张长凳上，大海在9米开外，眺望海湾对岸，我可以看到大陆上几幢影影绰绰的房子依傍于林间。在远处，我还能看到停泊在码头的帆船的桅杆。

我的千亿个神经元就坐在这里，心中诸念丛生，这全都是特定的电流和化学流直接导致的结果，而这些电流和化学流又是由以前的电流和化学流所引起的，以此类推，在一条决定论的因果链中一直回溯至宇宙大爆炸（t=0）。这台可怜的机器能做些什么？它应该抛弃诸如自性、我性、

① 安东尼奥·卢乔·维瓦尔第（Antonio Lucio Vivaldi，1678—1741）：意大利神父，巴洛克音乐作曲家。

能动性、决策、善恶之举及意义本身这样的概念吗？它知道一件事，就是它（我）能感觉到苦乐。当我（它）谈到苦乐时，我指的不仅仅是身体上的苦乐。就像古代的伊壁鸠鲁派一样，我指的是所有形式的苦乐：身体上的、智力上的、艺术上的、道德上的、哲学上的等。就像奥古斯丁确定自己活着一样（所有其他的确定性都源发于此），我也确定自己能感受到苦乐。“我感受，故我在。”这就是我最终收获的观点。既然是不是机器都无法摆脱这些感觉，我倒不如以这样一种方式生活：最大化我的快乐，最小化我的痛苦。为此，我会尽量去品尝美食，尽量养家糊口，尽量创造美好的事物，尽量帮助那些不如我幸运的人，因为这些活动能给我带来快乐。同样地，我会尽量避免吃生茄子，避免枯燥的生活，避免个人的无序状态，避免伤害他人，因为这些活动会给我带来痛苦。我就应该这样生活。许多比我更深刻的思想家已通过别的途径得出了同样的结论。[14]

远眺海面上方，我看到空气中有一团薄雾，边缘渐趋柔和。我看到了海洋、天穹和几只悠游于空中的海鸥。我想我已经决定在这里多坐一会儿了。

起 源

1931年2月11日，周三，在加州帕萨迪纳市附近的威尔逊山天文台，爱因斯坦和一小群美国科学家在一间舒适的资料室里畅谈了一个多小时，主题是宇宙学。[1]同他之前的亚里士多德、牛顿一样，爱因斯坦多年来一直坚持认为，宇宙是一座宏伟而不朽的大厦，其永恒性是固定不变的。1927年，一位著名的比利时科学家[2]提出，宇宙就像一个膨胀的气球一样在增大，而爱因斯坦明确表示这个想法“极其令人讨厌”。[3]然而几年后，这位大物理学家目睹了望远镜的观测证据，表明遥远的星系的确正在飞离，它们在运动。他用浓重的德国口音告诉周围西装革履的人们，观测到的星系运动“像锤子一样砸碎了我原有的构想”。[4]为了强调这一点，他还猛地把手往下一锤。大爆炸宇宙论便在这次锤击的碎片中冉冉升起：宇宙不是静止的、持存的，它在膨胀。将这个影像倒转回去：约140亿年前，宇宙以一种密度极高的状态“启动”，自此就一直在扩张和稀释。这一“起点”也是时间的起点吗？

我一直在回想奥古斯丁。圣奥古斯丁有一种时间观——时间诞生于上帝的感官。在这位“恩典博士”看来，时间和万物一样都是上帝所创，而且很可能是在他开天辟地时所创。有些莽汉向奥古斯丁发问：在完成这一不朽之举之前，上帝在干什么？他答道，上帝“是所有时间的创造者……在［上帝］创造这些时间之前，时间无从流逝”。[5]奥古斯丁说，在天地创生之前，“没有‘那时’，因为还没有时间”。没有“以前”这回事儿。圣奥古斯丁也好，随便什么人也好，谁能想象没有时间的存在？或者，有人能想象永恒吗？

持存，不朽，永恒——这些都是“绝对”。当然，我们对这些概念的关注主要还在个人层面：我们死后会怎样？这是最终的结局，还是我们仍会存在于某个永恒的王国？

虽然很少有人会认为这个王国是物质性的，但我们也不得不对物质世界提出同样的问题。如果宇宙像科学家现在认为的那样始于大约140亿年前，那么在此之前存在过什么呢？这是个可以回答的问题吗？如果不是，那么宇宙的起源可能就是“绝对”和“相对”的交汇点。

所有关于起源的问题都很难把握，就从个人的起源说起吧。在一段延时视频中，我们可以看到精子和卵子刚刚相遇后所产生的真实人类细胞。受精后的第一天，只有一个细胞，其中有两个细胞核，分属男方、女方。这个细胞大致呈球形，颜色发白，遍布灰色斑点，就像用低倍望远镜看到的月球表面一样。第二天，有两个细胞，每个细胞都有各自的细胞核，然后分裂成四个细胞。第三天，分裂成八个细胞。第四天，分裂成更多细胞。[6]会不会我们每个人都源出于此呢？这看似不可能。但据我们所知，这就是真的。

现在，让我们继续看这个真实而又高深莫测的延时视频，并将时间倒转。从这些镜头中，我可以想象出我父母在我出生之前的早年生活，他们俩也都是奇迹般地起源于一个只有芥菜籽1/10大小的小白点。同样地，我可以试想我父母的父母，以及他们的父母，倒转时间，一代代地倒转。很快，这些面孔便消失了，我航行于一片抽象的海洋。最终，我找到了1万年前的一些祖先，他们的DNA仍留存在我体内。我很乐意跟这群人在火光熊熊的洞穴里坐上个把小时，而且完全承认我们在时间上是联结的，我们是血脉相通的。尽管如此高深莫测，但这些人都曾活过，这是毋庸置疑的。我不知道他们的名字，但他们活过，我的这些亲人。

请容我继续倒转。我可以把这些古老的祖先回溯到最早的人类，然后是最早的灵长类动物，然后是第一批湿软的半陆地动物和半鱼类，然后是在原始海洋中四处游动的单细胞阿米巴虫，然后是不太有活力的胶状黏稠物质，然后是地球大气层的形成，然后是气体和残渣缓慢凝结成地球本身，然后是产生这些气体的恒星。科学证据告诉我，这一切都发生过。

继续倒转，并严格按照科学的发现来回溯，天空中的所有恒星都曾是星云状的气体云。时间越倒转，温度就越高，密度也越大。所有原子都一度过热，而无法保有它们的电子。在此之前，原子核温度太高，而无法保有构成它的质子和中子。宇宙中的所有物质都曾是纯粹的能量，而这种能量，即构成现今整个可见宇宙的原料，曾经都挤在一个比单个原子还小的区域里，翻腾嘶吼。这就是宇宙大爆炸，万源之源。但也可能并非如此。

这些最深奥的问题似乎也有其迷人的一面：要么它们根本没有答案，要么所有可能的答案似乎都是不可能的。所以，我还得再问一个深奥的问题：在宇宙大爆炸之前存在什么吗？宇宙大爆炸是时间的起始吗？或者以前是否有某种东西，某种永恒的“元宇宙”，它孕育了我们的宇宙，可能还孕育了其他宇宙？只有两种可能的答案。要么现实和时间都存在于无限的过去（或可称之为“元宇宙”），要么现实和时间始于过去的一个限定的时刻（即宇宙大爆炸）。信神的人可能会把元宇宙视为神灵，也可能不会。无限还是有限，端看你怎么选择。这两种可能性都让人头疼。除非用抽象的数学术语，否则凡人无法理解无限。至于另一个选择，即时间和万物都莫名其妙地有一个起始，我们面临的问题是：这个起始的肇因何在？现实和时间是怎么从无到有的？在历经了数千年的哲学和神学推论之后，直到最近100年，我们才有能力用科学来探讨这些问题。

苏美尔人的《埃努玛·埃利什》是可考的最古老的创世故事。它讲述了太初之时的情形，那时天地尚未出现，只有阿卜苏（Apsu），即淡水神，以及提亚玛特（Ti'amat），即咸水神[①]。两者最终都适时延伸到了域内的巨环中。“随后众神在天堂中被创造出来。拉赫穆和拉哈穆应召而生……年岁见长。”[7]古巴比伦人和苏美尔人的文明大体是发源于底格里斯河与幼发拉底河，所以其起源神话自然与水有关。相比之下，兴起于另一条知名河流的古埃及人则没有创世神话。事实上，他们认为时间并不是线性的，而是周期性的。尼罗河那种有规律的、可预测的周期，不仅保障了人们的粮食安全，也让他们产生了这样一种想象：一个永恒

① 在《埃努玛·埃利什》（Enuma Elish）中，淡水神阿卜苏与咸水神提亚玛特创造了世界，生出了众神。众神的喧闹使得阿卜苏与提亚玛特无法安睡，于是两位神便决定消灭自己的后代。但众神不愿坐以待毙，于是奋起反抗。最终，阿卜苏和提亚玛特被埃阿（Ea）和马尔杜克（Marduk）所杀。马尔杜克后又用提亚玛特的尸骸创造了天地万物，还创造了人类来服侍众神。

的、周期性的宇宙，保持平衡且无始无终。

阿那克西曼德[①]曾宣称有无数个世界，它们从无限（ápeiros）中分离出来，形成，然后湮灭，再度被永恒的无限吸收。这个想法与佛教的宇宙论并无不同。在佛教徒看来，众生与万物都在循环生灭，但最终会融入某种永恒（涅槃）。亚里士多德也认为宇宙必定是永恒的，没有起始，因为他断定所有物质都出自先前的某个物质。

其他大多数文明都认为宇宙有一个时间的起始，且出自上帝所为。印度教经典《梨俱吠陀》（*Rig Veda*）中的语句让人难忘：

> 倘使起初既没有存在也没有非存在，既没有空气也没有天空，那还有何物？是谁或何物在执掌权柄？若没有黑暗、光明、生死，那还有何物？我们只能说：那是"一"，它在深深的虚无中呼吸着自己；那是热，

① 阿那克西曼德（Anaximander，约公元前610—前547）：古希腊唯物主义哲学家，据传是史上第一位哲学家泰勒斯的学生。

变成了欲望和精神的萌芽。[8]

圣托马斯·阿奎纳将亚里士多德的大部分思想融入基督教，但他拒斥了永恒的宇宙观，只相信《圣经》中描述的源头。摩西·迈蒙尼德①对犹太思想的态度正是如此；穆罕默德对伊斯兰思想的态度也是如此。《古兰经》有言："创世者乃天地之主，他想让事物存在时，只消说它'在'——它便在了。"[9]

据我所知，所有信神的主要宗教，包括犹太教、基督教、伊斯兰教和印度教，都认为宇宙是神在过去的一段有限时间里创造的。当代的一个没有具象神的主要宗教——佛教——则认为宇宙是永恒存在的。换个角度看，有起始的宇宙必定有一个创造过程，要么是由一种神圣的存在所创，要么是由量子物理所创。而一个永恒存在的宇宙则不需要这两者。

1929年，宇宙学思想发生了一次根本性变化——它从

① 摩西·迈蒙尼德（Moses Maimonides，1135—1204）：犹太思想家、哲学家。

哲学和神学王国进入了科学领域。在那一年，美国天文学家埃德温·哈勃（Edwin Hubble）发现了宇宙正在膨胀的证据。尤其值得一提的是，哈勃利用加州威尔逊山的巨型新望远镜进行了观测，发现星系都在加速远离彼此，而且远离的速度与它们之间的距离成正比。换言之，距我们2000万光年的星系远离我们的速度是距我们1000万光年的星系的两倍。如果在一个气球上画满小点，然后让它炸开，你也会发现这个现象。从任何一个点的有利位置看，所有其他点都在远离它，它们远离的速度与它们拉开的距离成正比。在这幅图景中没有中心点，从任何一个点看到的情景都是一样的。倒放这个影像，这些点会逐渐靠近，直到所有点都紧贴在一起。这就是起始，即“宇宙大爆炸”，宇宙学家称之为t=0。最近的宇宙学测量修正了宇宙的年龄，人们极其自信地认为宇宙大爆炸发生于约140亿年前。

我是在高中第一次读到气球的这个比喻，那时我对气球的中心十分好奇。那不就是宇宙的中心吗？但就像所有比喻一样，这个宇宙气球的比喻也并不完美。它只适用于气球的表面。为了便于说明，其空间减少了一个维度，仅存在于气球表面。在这个比喻中，气球的内部并不对应物理宇宙中的任何东西。真实的宇宙当然是三维的，我们却用了一个二维类比来说明这个问题：在一个正在膨胀的空间中，点（或原子、星系）是如何远离每个点的。其间的要点是，在一个均匀膨胀的空间中——无论二维、三维还是十六维——任何两点之间的距离都会增加，它们远离彼此的速度与它们的距离成正比，从任何一点看都是如此，并没有一个中心。

宇宙大爆炸理论及其证据使得科学家们不得不奋力解决宇宙起源的问题。亚里士多德、牛顿和爱因斯坦的静态宇宙论不必面对这个问题。即使在哈勃之后，不少杰出的科学家还是发现宇宙起源的问题实在让人挠头，以至提出了另一些宇宙学来规避“起始”。例如，在20世纪30年代，加州理工学院的理查德·托尔曼（Richard Tolman）教授就提出了振荡宇宙的观点。按他的设想，宇宙会膨胀（就像现在这样），直至达到最大膨胀点，再收缩到极小的尺寸，然后开始新一轮膨胀，在无限的循环中重复这一伸缩过程（如佛教信仰）。这就无需考虑起源。托尔曼的振荡模型在20世纪40年代至

60年代中期红极一时。1965年，普林斯顿大学的大物理学家罗伯特·迪克（Robert Dicke）发表了一篇开创性的论文，预测了宇宙无线电波的存在。他写道，一个始终存在的振荡宇宙“让我们不必在过去的有限时间内找到物质的起源”。[10]

1948年，在弗雷德·霍伊尔①的领导下，剑桥大学的一群不满于现状的年轻理论天体物理学家提出了一个“稳恒态”的宇宙学模型。按照这一模型，宇宙平均而言是不随时间变化的。稳恒态模型能够与我们观察到的星系的向外运动相调和，它假设整个空间在不断产生新的星系，以保持星系密度不变。在这个稳恒态模型中，宇宙平均来看一直就是现在的模样。它过去的密度并不比现在更大；它也从未有过一个起始。

出于各种观测和理论上的原因，振荡宇宙论和稳恒态论都被摈弃了。留给我们的只有宇宙大爆炸，以及在此之前可能有也可能没有的存在。

---

① 弗雷德·霍伊尔（Fred Hoyle，1915—2001）：英国著名天文学家。

我跟一些宇宙学家朋友讨论过宇宙起源这个“深奥的问题”。其中一位就是加州理工学院的物理学家、元宇宙的信徒肖恩·卡罗尔（Sean Carroll）。卡罗尔与麻省理工学院的前沿宇宙学家阿兰·古斯（Alan Guth）合作，提出了一种他称之为“双向时间”（Two-Headed Time）的宇宙学理论。按照这一理论，时间是始终存在的，所以在大爆炸之前肯定有什么东西存在。另外，宇宙的演化在时间上是对称的，宇宙在大爆炸前的表现与大爆炸后的表现几成镜像。

根据这一理论，直到约140亿年前，宇宙一直在收缩。它在大爆炸时达到了最小尺寸，此后便一直在膨胀，就像一个掉落在地板上的螺旋弹簧玩具，在撞击时压缩至最紧，然后弹回到更大的尺寸。在这个模型中，宇宙不会振荡，只有一次收缩和一次膨胀，它源自无限的时间，趋向无限的时间。

在卡罗尔–古斯模型中，虽然时间是永恒存在的，但时间的方向却有一些有趣的特点。和大多数人不同，理论物理学家会花时间来思考一些古怪的问题，比如为什么我们记住的是过去而不是未来。他们的结论是，时间的前进方向取决于从有序到无序的运动。总体而言，过去比现在有序，未来会更加无序。例如，若是你看了这样一部电影：有个茶杯搁在桌沿上，然后掉了下来，在地板上摔碎了，那这部电影看来就比较正常；但如果你看到茶杯的碎片从地板上聚集起来，跳上了桌子，然后组装成茶杯，你肯定会说这电影是倒放的。理论物理学家的想法也是如此。

对于科学的有序和无序，有一点已经广为人知：在其他条件相同的情况下，更大的空间会容许更多的无序，这本质上是因为有更多的地方可以丢东西（这一切都可以量化）；同样地，更小的空间会更加有序。所以，在卡罗尔和古斯的构想中，宇宙的有序性在大爆炸时达到最大值，那时的宇宙最为致密，而大爆炸前后的有序性都在下降。因此，未来会在时间的两个方向上远离大爆炸。一个生活在宇宙收缩阶段的人能发觉在他之前的大爆炸，就像我们一样；在他去世时，宇宙会比他出生时更大，对我们来说也一样。如果你把宇宙大爆炸想象成无限时间之路上的一个坑洞，那么在那个位置，指向未来的路标会朝向这条道路的两个（相反的）方向，就像《绿野仙踪》里指向翡翠城的路标一样。科幻小说？也许是，也许不是。聪明过人的物理学家们都在冥思苦想着这个问题呢。

还有一种可能性，宇宙和时间在大爆炸之前并不存在。从这一角度来看，时间并不是最基本的，毋宁说它是“浮现出来的”。这一假说的倡导者认为，宇宙确实是从无到有地实现了物质化，并从一个极小但有限的尺寸开始扩大。这在量子物理中是说得通的。但时间在此之前并不存在。就像奥古斯丁的宇宙神创论一样，在宇宙最小尺寸出现的那刻之前，并没有什么时刻，因为那时不存在“之前”。同样地，也没有宇宙的“创造过程”，因为这个概念意味着时间里的行动。这一观点的拥护者之一、物理学家斯蒂芬·霍金曾如此描述道：“宇宙既无法被创造，也无法被毁灭。”[11]它只是存在。

亚历山大·维连金（Alexander Vilenkin）是最早提出宇宙可能是凭空出现的宇宙学家之一。他是一名乌克兰科学家，在1976年来到美国时只有25岁左右，如今已是塔夫茨大学的物理学教授。在赴美读研之前，苏联的研究生院取消了他的录取资格，他觉得祸因可能是他不受苏联国家安全委员会（克格勃）待见。于是维连金只能在动物园里做守夜人，这反倒让他有了充足的时间来思考宇宙学问题。

维连金是个严肃的人，和很多物理学家不同，他很少开玩笑。他极其认真地研究了t=0时的宇宙。他曾跟我说："通过量子隧穿来创造宇宙不需要任何起因，但那时物理法则应该存在。"[12]我问他，时间和空间还不存在的时候，"那时"是什么意思，但我并没有得到一个令人满意的答复。

维连金所说的"量子隧穿"指的是量子物理中的一种怪异现象，在这种现象中，物体可以完成一些奇妙的壮举，比如穿过一座山，突然出现在另一边，而无须越过山顶。这种让人费解的能力已经在实验室里得到了验证，因为亚原子粒子似乎可以同时出现在多个地方。量子隧穿在微小的原子世界里颇为常见，但在我们人类的宏观世界中却完全可以忽略不计——这也是此种现象于我们而言格外荒谬的原因。但在我们宇宙幼年的超高密度时代，即非常接近t=0之时，整个宇宙都只有一个亚原子粒子那般大。因此，在人类不可理解的量子迷雾的可能性中，整个宇宙可能会"突然"从事物起源之处出现。

对于宇宙大爆炸的量子时期，加州大学圣巴巴拉分校的詹姆斯·哈特尔（James Hartle）和剑桥大学的霍金提出了一个模型，它是同类模型中最详尽的模型之一。在哈特尔和霍金的方程中，时间并不存在，他们改用量子物理来计算宇宙某些瞬间状态存在的概率。其中一种状态的能量密度最高，它就可以被冠以“起始”之名。

霍金、卡罗尔和其他量子宇宙学家并不是没有意识到他们的研究在哲学和神学领域引发了巨大反响。正如霍金在《时间简史》中所说，很多人相信，上帝允许宇宙按照固定的自然法则演化，同时他也对制定这些法则负有独一无二的责任。按照这一观点，上帝一开始就给这时钟上好了发条，并决定了如何启动它。霍金提出了一种计算宇宙“早期”状态的方法，这种方法不依赖于“初始条件”、边界，或宇宙本身以外的任何东西。他的这一理论为宇宙可能会如何自我终结提供了一种无神论的解释。宇宙是自给自足的，量子物理的冰冷法则就完全足够了。“那么，哪里还有创世者的位置呢？”霍金问道。[13]

人们认为“量子宇宙学家”大多是无神论者，就像大多数科学家一样。但唐·佩奇（Don Page）是个惹眼的例外，他不但是阿尔伯塔大学的前沿量子宇宙学家，也是一名福音派基督教徒。佩奇还是个计算大师。我和他在加州理工学院读物理学研究生的时候，只要遇到困难的物理学问题，他都会悄悄地掏出一支针管笔，在一片密密麻麻的数学运算“丛林”中匆匆写下一个个方程式，没有丝毫畏缩和停顿，直至找到答案。

佩奇虽与霍金合作发表过一些重要的论文，但在上帝的问题上，他们分道扬镳了。佩奇跟我说：“作为基督徒，我认为宇宙之外还有某种存在，它缔造了宇宙，创生了万物。”[14]在卡罗尔的博客《荒谬宇宙》(*The Preposterous Universe*)的客座专栏里，佩奇的话听来既像是科学家说的，又像是有神论者说的：“有人可能觉得，添加一个假设——这个世界(存在的一切)包含上帝——会使解释整个世界的理论变得更加复杂，但其实不见得，因为上帝可能比宇宙更加简单，这样大家就能得到一个从上帝开始的更简单的解释，而不是只能从宇宙开始。”[15]

大多数量子宇宙学家都不相信有什么东西导致了宇宙

的创生。正如维连金对我说的，量子物理可以无缘无故地产生一个宇宙——就像它所展示的，单个电子会无缘无故地改变自身在原子内的轨道。也就是说，量子物理可以预测一大群电子和原子的平均表现，但不能预测单个电子和原子的表现。量子世界中没有明确的因果关系，只有概率。卡罗尔是这么说的："在日常生活中，我们可以谈论因果。但把这种想法应用到整个宇宙就没道理了。"[16]

因果关系之于科学就像形式之于艺术家，这是一种基本信仰。根据与科学中心教条密切相关的因果律，物质世界中的每个事件都是由之前的一个事件（在自然法则的作用下）引发的，而之前的事件则是由更早的事件引发的，以此类推。原则上，这条绵长的、环环相接的因果链可以沿着时间回溯，直至宇宙的起源。那便是这链条的末端了。我们已经到达悬崖边缘了。如果我们认同哈特尔-霍金式的构想，即宇宙有一个有限的起点，那么这个点就没有"之前"了。这个点就是宇宙最早、最致密的形态。宇宙只是"存在"。若我们赞同卡罗尔-古斯的永恒宇宙构想，那么就会遇到另一个问题。在宇宙大爆炸时，即紧缩度和密度达到最大值时，整个宇宙都有可能受到量子引力的影响。如前所述，在这种微小的尺寸和巨大的密度下，引力会和量子效应结合到一起，在时间和空间上造成混乱的波动。而因果关系需要时间的有序推进。若整个宇宙都受到这种时间波动的影响，那我们所知的因果关系就不适用了。

这些问题对信神的人来说并不难解。宇宙是神创的，神是第一因，也是最终因。可这对无信仰的人来说就困难重重了。也许量子物理可以无缘无故、从无到有地产生一个宇宙，但这样一个偶然的、无法分析的万物起源好像还是会让人极其不满，至少对这种观点的拥趸来说是如此。在没有神的情况下，我们仍然需要原因和理由；我们仍然需要洞悉我们所处的这个奇怪的宇宙；永恒还是无常，绝对还是相对，我们仍然渴望答案和解释。显然，科学可以为物质宇宙中的一切找到理由和起因，却找不到宇宙本身的理由和起因。是什么导致了宇宙的形成？为什么宇宙中会有东西存在而不是一无所有？我们不知道，而且多半永远都不会知道。因此，尽管这个最深奥的问题与物质世界的关联至为紧密，但很可能仍会留存于哲学和宗教领域。

蚂蚁（二）

我打算好好研究一下鲁特琴岛上的一隅方寸之地。我得收拾几样东西。好了，拿齐了。现在我带上了实验室日志和放大镜，动身前往我家南边那块我最喜欢的苔藓地。今后若有科学家想重复我的研究，可以来这个坐标：北纬43.799 82度，西经69.921 86度，可能会有小小误差。另外，我的考察时间始于——让我看看表——2016年8月22日，美国东部时间上午10点45分。

上午10点45分：在我的放大镜下，苔藓看起来就像一片迷你的云杉树林。这些迷你树枝上的迷你树叶大多都是绿油油的，但也有黄褐色和藏红花色的。这是片茂密的小森林，邻近小树的树枝都缠结到了一起。在细小的树枝之间，微小的种荚随处可见。我想看看会有什么动静，但啥也没有。耐心点！

上午10点47分：我的耐心得到了回报。一只黄褐色的小昆虫现身了。它看起来像是蚂蚁和壁虱的杂交体，但要小得多。我估计它的体长约为0.5毫米，有好多条腿和触角。每立方米的生物圈都栖居着无数种无名动物，它肯定是其中之一。但这是我的动物了，第一只出现在我这方寸之间的动物，就叫它“动物甲”吧。在这片盘根错节的迷你森林里，它来回穿梭着，有些犹豫不决。我很好奇它想去哪儿，又从哪儿来。它看起来和宇宙大爆炸毫不相干。大约10秒钟后，它就消失了，隐入这片迷你树丛之中。

上午10点49分：一只黑蚂蚁出现了，它在我的放大镜下显得很大，和动物甲相比堪称庞大。动物甲会试探性地走来走去，非常谨慎，好像知道自己的体型微不足道，但这只被我称为“动物乙”的蚂蚁却神气十足地向前迈进。动物乙前行的劲头就像在执行任务一样。这家伙没准智力超高，说不定还是我那个“聪明蚂蚁谜题”里的一员。在这种规模的生存环境中，蚂蚁是当之无愧的统治者。动物乙，也就是这位国王，5秒钟后就消失了。

上午10点50分：一只黑色昆虫忽然从天而降，落到了我的日志上。它没落到我这方寸之内，也就是我的实验室里，所以我二话没说就把它掸走了，然后又继续我的研究。

上午10点51分：另一种小昆虫出现在了这片迷你树丛的深处，我称之为“动物丙”。它颜色发白，离头顶的迷你树梢大约有十倍身长的距离。它的大小和动物甲差不多，也是多足，有触角。动物丙的移动速度比我见过的其他动物要慢得多。它好像并不想去哪儿，没有野心，漫无目的。我以前也见过这种综合征。

上午10点53分：太阳在云层中时隐时现（或者说云层掠过太阳，这取决于你的视角），我的微缩世界也随之时明时暗。

上午10点54分：在这次观察期间，我第一次注意到这片迷你森林中每棵树的每一根树枝都有几十个光点在闪烁。这些点肯定是一种能反射阳光的微型光滑面。不知怎么回事，我以前没见过它们。

上午10点55分：又有一只黑蚂蚁士兵经过，个头巨大且目的性强。

上午10点56分：也许我该结束这次观察了。我觉得自己恢复了元气。世上的一切似乎都很美好，至少在这方寸之间是如此。

多重宇宙

让我们回到“宇宙”的含义上来吧。“宇宙”（universe）一词来自拉丁语中的“unus”（意为“一”），再加上“vertere”的过去分词“versus”（意为“转变”）。所以，“宇宙”的本义和字面含义就是“万物变而为一”。

天文学家能够测量的空间距离越来越长，宇宙的大小和内中万物也都在随之增长。尽管如此，我们还是有一个“统一的整体”的概念，即一个“宇宙”。如今，大多数现代物理学家和天文学家都把宇宙定义为时间和空间的总和，从无限的过去到无限的未来，它随时都能与自身相通。此外，他们还假定，自然法则和其他基本参数在这个“宇宙”的任何一处都是相同的，比如光速；这是科学中心教条的一部分。在这个意义上，宇宙确实是一个统一体。

最新的科学进展表明，可能存在多个宇宙，即“多重宇宙”。最重要的是，一些新的物理学理论——其中一种理论叫“永恒暴胀”，另一种叫“弦理论”——已经预言，我们这个宇宙之外还另有宇宙。尽管这些理论都是出于推测，未经证实，但还是有很多世界各地的物理学家投身其中。

永恒暴胀是20世纪80年代初首次提出的“暴胀”宇宙学模型的一个变体。暴胀宇宙学模型是对标准的大爆炸宇宙学模型的一种修正，已成功通过了一系列实验测试，目前大多数物理学家都认为它是正确的。然而，这个原初的暴胀模型只涉及我们的宇宙。永恒暴胀模型是原初暴胀模型的扩展，据其预测，促使这个暴胀宇宙极速扩张的物理原理也可以催生出一些新的宇宙，而后者就是原始宇宙的分支。

弦理论问世于20世纪70年代，本是一种强核力[①]理论，后来扩展成了一种自然力理论。在弦理论中，除了我们熟

① 强核力：宇宙间四大基本力之一，是一种作用于强子之间的力。

悉的三个空间维度之外，还有额外七个空间维度。根据这一理论，我们观察不到这些额外的维度，是因为它们被卷成了超微小的环形。事实上，折叠这些额外维度的方式可谓数不胜数，每种方式都对应着一个不同的宇宙，具有不同的属性。到目前为止，弦理论尚未预言出任何可检测的对象。或许它能对我们所在的宇宙作出一些预言，比如我们的宇宙肯定有某些对称性，而这些预言若能得到证实，那还能让我们对这一理论多点信心。就目前而言，我们只能把它当成一种投机性的理论。无论如何，几乎可以肯定的是，我们永远都无法证实或否定其他宇宙的存在，即使我们可以预言它们的存在。

不过除了这些预言之外，还有另一种支持多重宇宙的论据。其他宇宙的存在貌似可以合理地解释一个观察结果，即我们这个宇宙仿佛经过了“微调”，以允许生命的存在。也就是说，如果这个宇宙的各种基本的、固定的参数，如核力的强度或宇宙“暗能量”的密度，比现实中的值稍大或稍小，那么这个宇宙中就不可能出现生命，不仅是与地球上的生命类似的生命，也包括任何种类的生命。例如，想想所谓的暗能量吧，这是一种奇异的能量，不同于其他形式的物质和能量，它会产生反引力。如果暗能量的密度——测量值约为每立方厘米6×10^{-9}尔格的能量——稍大一点，这个宇宙就会膨胀得过快，使得物质永远不可能聚合成恒星。另一方面，如果这种宇宙能量的密度稍小（且为负），那么早在恒星形成之前，宇宙就会再次坍缩。换句话说，若暗能量的密度不是处于一个相对较窄的范围内，那么恒星也无法形成。虽然我们不确定生命需要什么样的条件，但我们几乎可以肯定原子是必需的，而且已有充分的证据表明，所有比氢和氦更重的原子都诞生于恒星的核熔炉。没有恒星就没有原子，没有原子就没有生命。若暗能量的密度未经细致的调校，就不会有恒星。

一个顺理成章的问题就是：为什么？为什么这个宇宙要在乎生命？多重宇宙解决了这个难题。如果有很多属性各异的其他宇宙——有些宇宙的暗能量值大于我们的宇宙，有些刚好相反——那么有些宇宙就会产生恒星和生命，有些则不会。据此定义，我们就生活在一个允许生命存在的宇宙中，若非如此，我们也没法在这里探讨这个问题。我们还可以问个类似的问题：为什么我们的地球与索尔（Sol）①的距离恰好能让这颗行星存在液态水呢？如果我们离太阳再近一点，所有的水都会在高温下蒸发；如果我们离它再远一点，水就会结冻成冰。古罗马医师、哲学家盖伦和不少人都认为，地球这个巧合的位置要归功于神的“仁慈影响力”。[1]但（对大多数科学家来说）仅一个更有说服力的答案就足矣，那就是银河系中有很多行星。按概率来算，其中的一小部分与其中心恒星的距离恰好能允许液态水的存在。我们就生活在这样一颗行星上，因为我们若非如此……

多重宇宙的想法之所以如此迷人，其实有多个原因。首先，它代表了我们对存在和现实的概念所作的一次意义深远的拓展。其次，这是个几乎肯定得不到证实的想法。按照其定义，不同的宇宙无法相互接触。因此，我们很难通过实验来确定其他宇宙的存在。一切科学信念都必须通过外部世界的实验来检验，这是区分科学与宗教和哲学的观念之一。如

① 索尔：北欧神话中的太阳女神，此处意指太阳。

果多重宇宙的想法无法检验，那它还是科学吗？

还有一个很重要的问题：如果多重宇宙的想法没错，那我们的宇宙就只是一个意外，是诸多可能存在的宇宙之一，是掷骰子决定的。物理学的历史使命一直是要把物理宇宙的所有基本方面都解释为少数几个基本法则和原理的某种必然结果，就像只有一个解的纵横字谜一样。但在多重宇宙中，相同的基本法则却引发了众多不同的宇宙。我们必须接受我们这个宇宙的某些方面是出于偶然，比如暗能量的值。由于这些原因，多重宇宙引起了物理学界的分裂。有些人很不情愿地赞成了这一想法，认为这是对微调问题最妥帖的解释；另一些人则以这是非科学的或极端的猜测而予以否认。

最后，多重宇宙的想法最有可能对“统一体”的理想造成猛烈的打击。如果多重宇宙存在，我们的宇宙不过就是众多宇宙之一，而统一性只能让位于多样性。

矛盾的是，“永恒”的理想又回归了。因为即使我们宇宙中的一切都会消逝（甚至在卡罗尔和古斯的“双向时间”理论中也会如此），多重宇宙中的无数个宇宙也能作为一个群体而永存。新的宇宙在过去不断诞生，现在仍在诞生，未来也会不断诞生。新的行星和恒星、新的海洋、新的生命也是一样。从无限的过去到无限的未来，多重宇宙所寓居的时空连续体无论怎样都将永远存在。用老话说，这个连续体就是所有宇宙的子宫。它极其接近阿那克西曼德的永恒无限、印度教的《梨俱吠陀》，或《创世纪》的“无形虚空”。

之前我说过，科学认可的“绝对”很少。科学中心教条是其一，“终极理论”是其二。但当我在本书中进一步审视这些科学主体时，我必须稍微修改一下我之前的表述。（在修改的过程中，我不是也在充当科学家的角色吗？）实验和理论研究摧毁了恒星永恒的标志性观念，但在这个过程中又添入了能量守恒的观念。多重宇宙的想法摧毁了宇宙统一体的观念，却又为诸宇宙整体引入了永恒的观念。看来即便我们生活在一个物质性的、转瞬即逝的世界里，“绝对”也是不可避免的。“绝对”一直在我们的理论中徘徊。“绝对”深深地植根于我们的想象、渴望和希望，以及我们理解存在的方式。

人　类

欧内斯特·威瑟斯（Ernest Withers）拍下的孟菲斯黑人环卫工罢工的场面是美国民权运动中最引人注目的影像之一。这张照片摄于1968年3月28日，而一周后，马丁·路德·金正是在这座动荡的城市遇刺身亡。在前几个月，该市拒绝了黑人环卫工会的各项要求，例如要求黑人垃圾收集员和白人垃圾收集员同工同酬。照片上，数百名黑人男性聚集在克莱伯恩寺（Clayborn Temple）前的街道上结伴游行，很多人都穿着体面的衣装。他们并没表现出怒气，但看来确实是全心投入这项事业，而且颇为自豪。他们每个人都安静而优雅地举着同样的牌子，上面只有四个字：我是个人。这四个字在这张照片里重复了上百次，写在了上百张白色标语牌上，静得“震耳欲聋”。

我是在孟菲斯长大的。每当我看到这张照片，它总会提醒我，对尊严的渴望是人性的一部分。在这种刺激下，我也会思考作为一个人到底意味着什么，无论肤色或信仰。人类有什么独特之处，能让我们有别于地球上的其他生灵？人类男女是否如《圣经》和《古兰经》所言，在宇宙中占据着特殊的位置？那么今后呢？我们人类会走向何方？

鲁特琴岛。我们的孩子一直都是在鲁特琴岛度夏，这个岛已经融入他们的血液之中。繁星点点的黑暗夜空、潮汐的韵律和岛上的寂静对他们来说都谙熟无比。如今，他们也有了自己的孩子。我们的孙女艾达两个月大的时候就在鲁特琴岛度过了她的第一个夏天。现在她3岁了，这个岛已经成了她的第二个家。在短短一代人的时间里，艾达的世界和她母亲童年时的世界已是判若霄壤。冬日里，待在纽约家中的艾达经常和我视频通话，她已经很习惯拿着她妈妈的手机对着我的小头像聊天了。这在40年前还是巫师的魔法，于今在她却是寻常。其实我也没法想象她在想什么，因为她就是伴随着互联网和先进的通信技术长大的。她会通过视频电话给我讲故事，我做做鬼脸，她就发笑，而且无论是在家中走动，还是去公园玩耍，她都会把我带着。她的口袋里装着一幅我的“二维缩影”，这已是她现实中理所当然的事情。对她和她这代人来说，空间和时间的分离大体上已经消失了。在她看来，我可以同时出现在两个地方，肉身的我只是“外公1.0版本”。

若要问在2017年身为人类意味着什么，我们将走向何方，那么艾达所处的技术现实肯定是这答案的一部分。智人正在向科技人（Homo techno）转变，这是近在眼前的事。不过这种转变在过去的数百万年里并未出现，它是靠我们自己的发明和技术在一代人的寿限内实现的。我们正在亲手调整自己的演化方向，我们正在重塑自身。没有什么比我们自己的演化和转变更能挑战“绝对”的永久恒常了。

17世纪初的英国哲学家、科学家弗朗西斯·培根是最早预见到科技的力量可以改变人类身份的人之一。我一直是培根先生的粉丝，他在引介现代科学方法上是广受赞誉的有功之臣。按他的说法，我们应该以怀疑的态度审视所谓的事实陈述，只相信那些能靠我们自己的观察来核实的东西。

跟以前一样，我又找出了桌后的那部埃利奥特博士的“五英尺书架”，抽出第三卷，里面就有培根的乌托邦小说《新大西岛》（*The New Atlantis*）。远在科学革命发生之前，培根就在这本小说里设想了一所未来的学院，名为所罗门院（Solomon's House），在这里，新的发明极大地扩展了人类的身体能力：

> 我们掌握了远距离——比如在空中和偏远之地——视物的法子……我们有一些加强视力的装置，远超现在所用的眼镜和镜片。我们还有一些镜片和工具，能完美而清晰地看到微小的物体，比如小苍蝇和蠕虫的形状与颜色、宝石的质地与瑕疵，这些用其他法子是看不到的……我们也有音响室，我们会在那儿练习和演示所有声音，看看它们是如何生成的……我们还有些装在耳朵上的助听装置，能大幅增进听力。[1]

我很好奇培根会怎么谈论今天的科技，比如能记录X

射线和无线电波的科学仪器、能观察单个原子的显微镜、能看清几千米外钞票上文字的望远镜，或是能听到蚂蚁脚步声的扩音器[2]。远超培根想象的必定是如今的计算机，或是将硅芯片植入瘫痪者大脑的能力，这种芯片可以探测到被植入者的欲求，然后激活一只机械手。当然，培根肯定也无法想象视频通话。

当我凝视着那条从屋子通向大海的僻静小路时，也不禁对未来的人类浮想联翩，这是我自己的所罗门院。鉴于如今这迅猛的发明势头，我实不敢妄言百多年后的情景。不过在一个世纪或更短的时间内，我们或许能在眼睛里植入一些特殊的透镜，以替代如今的外部探测器，让我们可以看到X射线和其他频率远超可见电磁波谱的光。有了这项技术和现有的X射线发射器，我们就能透视衣物、墙壁和许多普通光线无法穿透的表面。再过100年，我们或许就能在大脑中植入电脑芯片，让我们的头脑直接连上互联网。如此一来，我们可能只需想到一条我们正在搜寻的资讯，它就会立刻传输至我们的大脑。运用同样的技术，我们或许还能通过互联网与他人直接进行心灵交流。可想而知，这会在隐私和知识产权方面引发大量的新问题，并且有可能需要制定新的法律和法制体系。再过50年或更短时间，我们或许能造出红细胞大小或更小的微型机器人，将其注入我们的体内，以杀死癌细胞，高度精准地定向输送药物，修复受损或有缺陷的DNA，并大大增强我们的免疫系统。随着神经科学的发展和对记忆存储的深入认知，我们可能还会发明出大脑灌输技术，让我们在几分钟内就能学会新的语言。汉语或斯瓦希里语的语句可以实时地输入我们的大脑。如果我们想说出这些话，对口部肌肉来说较为陌生的动作指令也可以实时传输过来。

随着人们不断了解信息在神经元和突触之中的体现方式，或许有朝一日，我们也能将人脑中的很大一部分记忆数字化，并将这些信息存储在外部计算机里。如此一来，我们就可以在肉身之外创造出很多个“自己”了。量子物理和热力学第二定律会阻碍这种完全彻底的再造，所以我们没法像《星际迷航》（*Star Trek*）里的柯克船长和船员们那样把自己完整地传送出去。但我们的大部分记忆和经验是有可能保存和传输的，这样电脑里就可以存入很多个“版本”的自己了。

相应地，对从未发生过的事件的记忆也可以下载到我们的大脑里，让我们能任意感受多个前世和各种身份。

这只是关于我的所罗门院的一点点想法，就我所知，这些想法都不存在科学上的限制。简言之，未来的人类，即科技人，都会是半生命体的，是活的动物和机器的混合体，心与灵会融于一块电脑芯片之上。一切都会改变，一切已在改变。霍尔丹①是所谓的“超人类主义”②的首批先知之一，他在近一个世纪前说道：“科学还处于婴儿阶段，我们几乎无法预测未来，不过尚不存在的东西都会出现；没有什么信仰、价值观和习俗是安全的。”[3]一切都会改变。

在美国乃至全世界都有很多人否认人类正在演化，或是对这个事实感到难受。最近的一项盖洛普民意调查发现，42%的美国人认为，人类在世界创生之时就被创造成现在的

① 霍尔丹（J. B. S. Haldane，1892—1964）：印度生理学家、生物化学家和群体遗传学家。

② 超人类主义（transhumanism）：一场主张用理性或科技来彻底改进人类自身条件和能力的科技文化运动。

模样。[4]我得说，这就是一种投身于“绝对”的信仰，一种个人的、发自内心的恒定性、永久性和确定性。虽然我上面描述的那种技术演化并不同于从阿米巴虫到鱼类再到智人的转变，但当我们用技术来改造自己的身体和大脑的时候，我认为这种发展就应该被视为我们演化的一部分了。

有这样一个很有意思的问题：为什么会有这么多人抵触人类演化论？这在心理、神学，甚至生物学中都能找到原因。生物学上的原因可能是最基本的。在初级层面上，生物体所要具备的条件之一就是有能力将自身与周围的环境区隔开，并创造一个稳定有序的环境。如果一个单细胞动物或哺乳动物不断受到冲击和干扰，它就无法存活。如果我们的DNA不断变化，或者我们的细胞膜不断溶解，我们就无法存活。我们对自身和我们所处的直接环境抱有某种均衡、秩序、内稳态的需求，这种需求肯定深深地埋藏于我们的心灵深处。然而，在当今这场人与技术相结合的快速变革中，我们远未达到均衡。

再谈谈心理上的原因。抛开神学的考量，尽管现代科学已经证明了智人就是动物，但我认为我们依然抱持着一定程度的“物种沙文主义”。在谷歌上搜索任何一个包含“动物”的词组，你搜出来的肯定是一些涉及非人类动物的网站，而没有关于人类的网站。想想我们是怎么对待众多非人类动物的吧。我们自以为是一个优越特殊的物种，凌驾于这颗星球的众生之上。“上帝照着他自己的形象造了人……上帝［对亚当和夏娃］说，你们要生养繁衍……要主宰海洋中的鱼、天空中的鸟以及地上的每一种生灵。”[5]在某种幽深的层面上，这种崇高的地位已融入了我们的自我认同，也融入了我们与地球上其他生物的关系。

相反，一旦你认为智人只是地球演化史中的一个过渡阶段，那就对这种自我认同形成了挑战。如果我们把生命的演化看作是一长串不断倒下的多米诺骨牌，已经倒下的代表过去，仍然矗立的代表未来，正在倒下的代表现在，那么智人就是正在倒下的那个。就在我们说话之时，我们的时代也正在消逝。在前方，前面不远的地方，那是科技人。我们看到了科技人的蛛丝马迹，但并不知道他/她/它会是什么模样。我们只知道一件事，如霍尔丹所说，他们肯定不会是我们了。也许只有一部分是我们。对很多人来说，包括我自己在内，这种情形让人发愁。为什么它会让我发愁呢？我也说不明白。如果智人在几个世纪后就不存在了，那我还在乎什么呢？但我就是发愁。

最后，对人类演化论的拒斥也有神学上的基础，这在某些方面是最容易理解的。基督教、犹太教和伊斯兰教的圣典共享了一个创世故事，都宣称最早的人类是在神创世后不久就被创造成现在的模样。举个例子，下面是《古兰经》里的一个段落：

> 人类啊！敬畏
> 你们的守护神吧，
> 你们皆由他所创，
> 他先是创造了一个人［亚当］，
> 又以同样的本性造出了
> 他的伴侣［夏娃］，自此二人始，
> （像种子一样）撒播了
> 无数男女。[6]

印度教的创世故事不止一个，人们信仰的神也不止一个。然而，造物主梵天还是稳坐于印度教神灵金字塔的顶端。据《鱼往世书》(*Matsya Purana*)所言，梵天创造了辩才天女(Saraswati)并与之交合，由此生出了第一个男人——摩奴(Manu)，此后又生出了第一个女人——阿纳提(Ananti)。我们都是摩奴和阿纳提的后裔。

有些人会把《圣经》《古兰经》或《鱼往世书》当成某个无所不知的神明的真言，对他们来说，这没什么争议 。我们从这些神明那里就可以了解到，在世界史上，智人还从未发展到如今这种程度。由于心存这类信仰，他们就更难接受智人在未来有可能进化成科技人或其他什么东西的想法。在这方面，我们与科学发生了直接的冲突。这场冲突要如何解决？对于把这些圣典当成神言的人来说，办法很简单：圣行和奇迹皆非科学所能容纳。当代伊斯兰教学者图拉里(Sheikh Abdul Wahhab al-Turayri)在《今日伊斯兰》(*Islam Today*)中写道：

亚当直接创生，并获安福，这是科学无论如何都

> 证实不了也否认不了的。因为亚当的创生是一个独一无二的历史事件。此事无人得见，科学无力证实或否认。虽然无人得见，我们也信其为真，因为真主告诉了我们这一点。我们也同样相信《古兰经》中提及的奇迹。奇迹本质上就是不符合科学规律的，对于它的出现，科学既不能证实，也不能否认。[7]

对于图拉里的声明，我有些不敢苟同，原因如下。我承认，宇宙的起源可能只是一个一次性的、奇异的宇宙事件，科学上是不可知的。科学发展出了一些理论来解释宇宙的创生，但科学没法确凿无疑地检验这些理论。（请参阅“起源”一篇。）尽管如此，人类、猴子、爬行动物和鱼类仍然生活在这个物质世界中。而且大量的物理证据——从化石、胚胎发育到DNA的比对分析，再到对地球不断变化的化学成分的分析——都有力地表明，生命形式在随着时间而演变，一开始是可以在无氧的大气中生存的原始单细胞有机体，最后演变至人类。对演化论的否定相当于一种声明，即生物学、物理学和化学上的诸多纵向证据的谐调只是一种巧合。与一次性的创世事件有所不同，这并非一次巧合，而是古往今来的千万次巧合，无异于时间长河中的千万个奇迹。

我在描写鲁特琴岛的乡野风貌时遗忘了一个细节：电线杆。25年前，坐拥该岛的六户人家举行了第一次会议，我们投票决定给这个岛供电。尽管投票结果并不一致，但还是获得了通过。所以，你若沿着岛心的小径走下去，除了能看到树木和苔藓，你还能见着电线杆。考虑到这些杆子不是岛上土生土长的，我们便以不规则的间隔和随机的曲线安置它们，好营造出一种更为“自然”的外观。当然，我们用混凝土、机加工木材、石膏墙板和玻璃建成的房屋也不是岛上的土生之物。

谈到这些，就不得不提起所谓“自然”和“非自然”的问题了。在我们从智人走向科技人的道路上，这个问题至关重要。当我们用科技改造自己的身体和大脑时，这是不是在培养一种对自身的非自然的厌憎呢？我们是不是背离了上帝的形象呢？

我还记得，1996年的首只克隆哺乳动物引发了公众的强烈抗议，那是一只名叫多莉的绵羊。科学家们当时提取了一只成年绵羊的细胞核，并将其移植到一个没有细胞核的绵羊卵细胞之中，然后像弗兰肯斯坦博士[1]那样对这个刚刚有核的卵子进行电击，从而创造了多莉。在世界各地，有不少人都认为人类正在侵入一些非我们所能插手的领域，觉得我们没资格创造生命，爱丁堡罗斯林研究所[2]（Roslin Institute）的生物学家们的做法是非自然的。

“非自然”到底是什么意思？严格来说，这是不是“违背自然”呢？这是不是一种有违上帝本意的状态呢？这是否意味着某种超出智人先天生理机能的活动？或者以上说法都有可能？

我认为，随着科学技术的进步，我们这个物种已经远远超越了我们与生俱来的很多生理限制，使得“自然”和“非自然”的区别逐渐消失了。我们可以从我们的寿命这个简单的特征说起。1800年，美国男女两性的平均预期寿命

① 弗兰肯斯坦博士：小说《弗兰肯斯坦》中的科学家，造出过一个科学怪人。

② 即克隆羊多莉的诞生地。

约为37岁；到1900年，这个数字增长到了47岁。几个世纪以来，导致人类死亡的主要原因是天花、流感、结核病、肺炎、疟疾、伤寒和胃肠道感染。随着细菌致病理论的发展、公共卫生的革新，以及20世纪抗生素和疫苗的发现，美国人的预期寿命如今已达到了79岁，而且还在上升。

再说说技术。弗朗西斯·培根想象的助听器和眼镜如今都已成为现实。我们应该把这类技术当成是自然的还是非自然的？如果你要驳斥这个问题，声称眼镜不过是恢复了眼睛原本的自然状态，那就想想显微镜吧，它能让我们看到比肉眼所见小几千倍的东西。还有X射线和红外摄像机，这能让我们探测到远远超出我们眼中视杆细胞和视锥细胞的"视觉"灵敏度的光的波长。还有飞机，它能让我们像鸟儿一样飞来飞去。毫无疑问，我们生活在一个人造的世界里——不仅有能延伸我们感官的显微镜和声呐，还有我们的城市、汽车、温控环境和手机。这都是我们自己创造的。

这一切要么都是"非自然的"，要么都是"自然的"。如果一个巨大的智慧生物从深空看向地球，它就会看到一种悸动的舞步和结构：蚂蚁在地下建造复杂的隧道，河狸在池塘上建造泥坝，蜜蜂用美妙的六边形格子建造蜂巢，人类则在建造房屋和城市。所有生物都在调整自身的环境。在过去的几个世纪里，这个巨大生物无疑看到了这种活动正在加速。我是这样想的：既然我们所有的发明都出自我们的大脑，既然我们的大脑是从“自然”过程演化而来的，那么我们所发明的一切，包括对自己身体的改造，都应该被视为“自然的”。从这个意义上说，科技人并不比今天的智人更“非自然”。

“也许吧，”我听到你不情愿地说，“但作为人类到底意味着什么呢？当我们的血液里有了微型机器人，大脑里有了硅芯片之后，难道就没有一些品质、欲望、偏好、价值观、情感或精神内核，仍然能将我们定义为人类吗？”问得好。

我在本篇开头提到了威瑟斯的照片，这张照片表明了尊严是人性的一部分。在韦尔斯[①]的经典小说《莫罗博士的

① 赫伯特·乔治·韦尔斯（Herbert George Wells，1866—1946）：英国著名科幻小说家、新闻记者、政治家、社会学家和历史学家。

岛》中，一位著名的前生理学家莫罗博士进行了一系列非法的活体解剖实验，造出了一些半人半兽的生物，比如用熊和人的某些部位嫁接而成的生物。丛林里生活着一大群这种混合野兽，其头领是一个名叫“法律言说者”的灰色大个儿，他会吟诵一首名为《法律》的奇怪圣歌。这法律禁止“兽性”之举：

> 不要四肢并用地行走，这是法律。我们不是人吗？不要啜吸地喝水，这是法律。我们不是人吗？不要吃鱼或肉，这是法律。我们不是人吗？不要去抓树皮，这是法律。我们不是人吗？不要追逐他人，这是法律。我们不是人吗？[8]

这句“我们不是人吗？”是什么意思？确切地说，这些生物并不是非人类动物。这法律完全是由负向的事情构成的，也就是这些生物不该做的事，或者非人类动物才会做的事。韦尔斯正是用这些非人之举来界定人类的。

我再举一个例子来回答这个难题吧。在电影《星际迷航2：可汗之怒》（*Star Trek II: The Wrath of Khan*）中，詹姆斯·柯克（此时已晋升为舰队司令）登上了“进取号”星舰，准备视察模拟训练。他在那儿见到了斯波克（此时任“进取号”船长）和几个受训人员，包括萨薇，此人有一半瓦肯人血统和一半罗慕伦人[①]血统。几乎每个在过去50年里看过这部剧集的人都知道，斯波克是半瓦肯人半人类。在他心里，既有瓦肯人逻辑至上、冷酷无情的一面，也有人类感性的一面，他总是在两者的冲突中苦苦挣扎。以下是其中的一个场景：

斯波克：打开气闸。

柯克：能否登船，船长？

斯波克：欢迎登船，司令。我想你应该认识我的实习船员们。当然，他们也认识你。

柯克：没错，我们可是一起经历过生死的。斯科特先

---

① 罗慕伦人：瓦肯人的一个分支，比瓦肯人更为暴力，完全保留了这个种族的野蛮本性。

生，你这条太空老狗。你还好吗？

斯科特： 我之前有点不舒服，长官，但麦科伊医生帮我搞定了。

柯克： 哦？哪里不舒服？

麦科伊： 他觉得休假不舒服，司令。

柯克： 噢，这位怎么称呼？

普雷斯顿： 一等候补少尉、轮机师助手彼得·普雷斯顿，长官！

柯克： 普雷斯顿先生，是第一次远航训练吧？

普雷斯顿： 是的，长官！

柯克： 嗯……我们就从轮机室开始吧？

斯科特： 我们听候视察，长官，一切都有条不紊。

柯克： 肯定是个大惊喜吧，斯科特先生。

斯波克： 我们在舰桥见，司令。全员解散！

萨薇：（瓦肯语）他跟我想的完全不一样，长官。

斯波克：（瓦肯语）上尉，你觉得哪里奇怪了？

萨薇：（瓦肯语）他太有……人味儿了。

斯波克：（瓦肯语）没有谁是完美的，萨薇。[9]

在这个桥段里，《星际迷航》的编剧们对何为人类表达了自己的看法。柯克有什么“人味儿”的地方？他热情、幽默、风趣、善于表达，他会和斯科特先生开玩笑。那么这些品质是属人的吗？这些品质是人类独有的吗？从某些证据来看，并不是。养过狗的人都知道，狗也可以是忠心的、调皮的、快乐的、悲伤的、善于表达的，乃至具备萨薇提到的所有其他品质。（也许萨薇的母星上没有狗。）

在《人类的由来》中，达尔文指出了人类和其他动物在情感能力上的相似性：“低等动物和人类一样，能明显感受到快乐和痛苦、幸福和悲惨。就像我们自己的孩子一样，小狗、小猫、小羊羔等动物幼崽在一起玩耍时，会表现出最为明显的幸福感。”[10]大量实验都有力地证实了这些相似性。例如，50多年前，美国西北大学医学院的研究人员发现，如果受试猕猴拉动一根给自己传送食物的链条，就会导致其同伴受到电击，那么它们就会拒绝这样做。[11]就原始智力而言，对猴子、渡鸦、乌鸦、海豚、鲸鱼和其他非人类动物所作的大量实验和观察都清楚无疑地表明，这些动物有能力解决问题、交流、玩耍、认出镜中的自己，以及做一些在我们看来与智力有关的其他活动。

最后，我还是谈谈威瑟斯的那张照片和尊严吧。尊严是一种精细而微妙的品质，它不太符合情感能力或智力的范畴。但尊严肯定与自我意识有关，很多非人类动物都有自我意识。（比如，海豚就能在镜子里认出自己。）我不确定海豚、狗和乌鸦是否拥有或渴望尊严，但我知道很多（非人类）动物保护组织会用这个特别的词来描述我们应该如何对待其他动物。

智人的独一性和特殊性可能是一种终极的“绝对”。但鉴于我在这长夏中的万千遐思，我不得不勉强得出结论：我们人类似乎没有什么独特之处。所以，也就没有什么特别的东西可以继承给科技人。多米诺骨牌正在倒下，我们的时代即将落幕。当然，在那些演化后的人类后裔中，仍将保留这样一些能力：悲伤和欢乐、同情心、爱、愧疚和愤怒、嬉戏以及创造性的表达。但这些品质并不一定是指向我们的，它们指向的是一个喧嚣的、富有感情的动物大家庭，即我们这颗行星上鲜活的、悸动的生命王国，而我们只是其中的一分子。这个王国从未停止脚步，它在不断地改变和演化，唯此万古不易。这个王国将生命及其可能性奉为神圣，即使其中的每个个体都会消逝。这个王国有着统一和永恒的梦想，即使世界正在分裂衰亡。这个王国会重新设计自身，就像如今的人类一样。一切都在流变，而且永不止息。这就是我的见识，或许也是我唯一的见识。流变超越了悲欢。流变、无常和不确定性似乎都是简单的事实，至少在物质世界是如此。

好了，我要在巴赫那精妙的《B小调弥撒》中结束这一天了。这曲子是为了歌颂基督教的神，而我要用它来歌颂所有的神，因为我们所信的神其实并没多少差别。我要用它来歌颂那些信神和不信神的人，因为我们都想相信一些东西。我要用它来歌颂形式各异的生命，即使生命终将消逝。我要用它来歌颂意义，即使那只存在于转瞬之间。此刻便是这转瞬之间。当我凝视窗外，一只袅娜的蓝鹭从岸边腾空而起，翱翔于海湾之上。

致 谢

我要衷心地感谢那些帮我完成本书的同仁。关于宗教问题的对话，我要感谢迈卡·格林斯坦拉比（Rabbi Micah Greenstein）、约·胡特·赫马卡罗尊者（the Venerable Yos Hut Khemacaro）、桑迪·萨索拉比（Rabbi Sandy Sasso）、丹尼斯·萨索拉比（Rabbi Dennis Sasso）和欧文·金格里奇（Owen Gingerich）。关于科学对话，我要感谢唐·佩奇、肖恩·卡罗尔、亚历山大·维连金、阿兰·古斯和罗伯特·贾菲（Robert Jaffe）。对于科学史上的各种问题，我要感谢欧文·金格里奇。关于哲学对话，我要感谢内德·霍尔（Ned Hall）和杰夫·韦恩德（Jeff Wieand）。关于心理学和心灵方面的对话，我要感谢尼克·布朗宁（Nick

Browning）和罗斯·彼得森（Ross Peterson）。在其他方面，也有不少人给我提供了巨细不一的助益。

我要感谢我的作家经纪人兼顾问简·格尔夫曼（Jane Gelfman）和黛博拉·施耐德（Deborah Schneider），感谢他们多年来给予我坚定而诚挚的信任。我要感谢万神殿出版社（Pantheon）的杰出编辑、我的长期合作者丹·弗兰克（Dan Frank），他有一种罕见的勇气去遵循自己的判断而非市场，他会表达自己的喜恶，也经常敦促我做到尽善尽美。

最后，我要感谢我亲爱的妻子琼（Jean），她是我这转瞬一生中的挚爱伴侣，感谢我的女儿卡拉（Kara）和埃莉丝（Elyse），她们是我的骄傲，也让我对未来充满希望。

注　释

在相对的世界里渴求绝对

1. 参见 *The Republic*, Book V, section 472。
2. 参见 *To Consentius*, *Against Lying* (*Contra mendacio*), paragraph 36。
3. Isaac Newton, *Principia* (1686), trans. Andrew Motte (Berkeley: University of California Press, 1934), p. 6.
4. C. P. Cavafy, "Impossible Things" (1897), in *Complete Poems*, trans. Daniel Mendelsohn (New York: Knopf, 2009), p. 294.
5. Plato, *Timaeus*, trans. Benjamin Jowett, Great Books of the Western World, vol. 7 (Chicago: Encyclopaedia Britannica, 1952), p. 452.
6. "America's Changing Religious Landscape," May 12, 2015, at http://www.pewforum.org/2015/05/12/americas-changing-religious-landscape/.
7. "Religious Beliefs of U.S. Adults (1997 to 2014): Does Absolute Moral Truth Exist?," at http://www.religioustolerance.org/chr_poll5.htm.
8. "In U.S., 42% Believe Creationist View of Human Origins," June 2,

2014, at http://www.gallup.com/poll/170822/believe-creationist-view-human-origins.aspx.

9. Elaine Howard Ecklund, *Science vs. Religion: What Scientists Really Think* (Oxford: Oxford University Press, 2010).

物 质

1. Emily Dickinson, poem 668, in *The Complete Poems of Emily Dickinson*, ed. Thomas H. Johnson (Boston: Little, Brown, 1960).
2. Charles Darwin, *Origin of Species* (1859), in Great Books of the Western World, vol. 49 (Chicago: Encyclopaedia Britannica, 1952), p. 243.
3. John 3:5, King James Version (hereafter KJV).
4. Jöns Jacob Berzelius, *Lärbok i kemien,* trans. and quoted in Henry M. Leicester, "Berzelius," *Dictionary of Scientific Biography,* vol. 2 (New York: Scribner's, 1981), p. 96a.
5. 出自艾伦·莱特曼在2016年1月5日对迈卡·格林斯坦拉比的访谈。
6. Marilynne Robinson, "Can Science Solve Life's Mysteries?," *The Guardian*, June 4, 2010, https://www.theguardian.com/books/2010/jun/05/marilynne-robinson-science-religion. 该文出自鲁宾孙（Robinson）的著作*The Absence of Mind* (New Haven, CT: Yale University Press, 2010)。
7. Robert Tools, "Heart Recipient Has Whirr in Chest," Reuters News Service, August 22, 2001, http://www.deseretnews.com/article/859859/Heart-recipient-has-whirr-in-chest.html?pg=all.
8. ABC News, "Paralyzed Man Drinks Beer by Moving Robotic Arm with His Mind," May 21, 2015, http://abcnews.go.com/Health/paralyzed-man-drinks-beer-moving-robotic-arm-mind/story?id=31214663. 该新闻最早

出自加州理工学院：https://www.caltech.edu/news/controlling-robotic-arm-patients-intentions-46786。

9. “Diary of Robert E. Peary,” at https://catalog.archives.gov/id/304960; “Robert E. Peary’s Journal,” at http://www.bowdoin.edu/arctic-museum/northward-journal/robert-peary.shtml.

蜂　鸟

1. Pablo Neruda, “Ode to the Hummingbird.” 这首诗可以在Hummingbird-guide.com上找到，网址：http://www.hummingbird-guide.com/pablo-neruda-hummingbird-poem.html。

2. 气动升力的压力大致为 ρv^2，其中 ρ 是空气密度，v是翅膀上方的空气流速（与翅膀的拍动速度成正比）。该压力的确切大小取决于翅膀的形状。这个压力乘以翅膀的面积就是向上的升力，这一升力必须抵消蜂鸟的重量（几克重）。假设翅膀在做圆周运动，升力和蜂鸟的重量相等，那就能求得所需的最小摆翅速度，从而得出摆翅频率。

群　星

1. Goethe, *Faust*, trans. A. Hayward (New York: D. Appleton and Company, 1840), p. 141.
2. Galileo Galilei, *Sidereus Nuncius, or The Sidereal Messenger* (1610), trans. and with notes by Albert Van Helden (Chicago: University of Chicago Press, 1989). 我要感谢阿尔伯特・范黑尔登（Albert Van Helden），他在这一版中的评论甚妙。
3. John Milton, *Paradise Lost* (1667), Book III, Harvard Classics, vol. 4 (New York: P. F. Collier & Son, 1909), p. 153.

4. James, *Daemonologie*, Project Gutenberg Literary Archive Foundation, June 29, 2008, www.gutenberg.org/catalog/world/readfile?fk_files=845529. 另 见Geoffrey Scarre and John Callow, *Witchcraft and Magic in Sixteenth- and Seventeenth-Century Europe* (Hampshire, UK: Palgrave, 2001)。
5. Letter from Paolo Gualdo to Galileo, *Le Opere di Galileo Galilei*, National Edition, ed. Antonio Fawaro, 20 vols. (Florence: G. Barbera, 1929–39), 2:564.
6. Galileo, *Opere*, 10:423.
7. *Sidereus Nuncius,* p. 26.
8. 同上，p. 36。
9. Galileo, *Opere,* 10:253. 另见*Sidereus Nuncius,* trans. and ed. Van Helden, p. 7。
10. Galileo, *Opere*, 11:87–88. 另见*Sidereus Nuncius*, trans. and ed. Van Helden, p. 110.
11. 在伽利略的发现公布后，涌现出了不少有关月球和行星的幻想小说，玛乔丽·霍普·尼科尔森对此作了精彩的论述，见Marjorie Hope Nicolson, *Voyages to the Moon* (New York: Macmillan, 1960)。
12. Giordano Bruno, *On the Infinite Universe and Worlds* (1584), trans. Scott Gosnell (Port Townsend, WA: Huginn, Munnin & Co., 2014), Second Dialogue, p. 76.
13. Lucretius, *De Rerum Natura* (ca. 60 BC), Book 1, vv. 146–58, trans. and ed. W. H. D. Rouse and M. F. Smith (Cambridge, MA: Harvard University Press, 1982), pp. 15–17.

原　子

1. Isaac Newton, *Optics*, Book III, Part 1, trans. Andrew Motte and rev. Florian Cajori, in Encyclopaedia Britannica Great Books of the Western World, vol. 34 (Chicago: University of Chicago Press, 1987), p. 541.
2. Paraphrase of Lucretius, *De Rerum Natura*, Book 2, vv. 398–407. 例见Lucretius, *De Rerum Natura*, trans. and ed. W. H. D. Rouse and M. F. Smith (Cambridge, MA: Harvard University Press, 1982), p. 127。
3. "J. J. Thomson Talks About the Size of the Electron," at http://history.aip.org/history/exhibits/electron/jjsound.htm.
4. 例见American Physical Society News, https://www.aps.org/publications/apsnews/200803/physicshistory.cfm。
5. Henry Adams, "The Grammar of Science," in *The Education of Henry Adams* (1903; Boston: Houghton Mifflin, 1918), p. 458.
6. Ernest Rutherford in *Background to Modern Science*, ed. Joseph Needham and Walter Pagel (Cambridge, UK: Cambridge University Press, 1938), p. 68.
7. 出自艾伦·莱特曼在2004年5月28日对杰里·弗里德曼的访谈。
8. Leo Tolstoy, *My Religion*, *On Life, Thoughts on God, On the Meaning of Life*, trans. Leo Weiner (New York: Colonial Press, 1904), p. 402.
9. 最前沿的理论叫圈量子引力论。参见Lee Smolin, "Atoms of Space and Time," *Scientific American*, January 2004。
10. 参见Vlasios Vasileiou, Jonathan Granot, Tsvi Piran, and Giovanni Amelino, "A Planck-Scale Limit on Spacetime Fuzziness and Stochastic Lorentz Invariance Violation," *Nature Physics* 11 (2015): 344–46。

蚂蚁（一）

1. Irvin Yalom, *Existential Psychotherapy* (New York: Basic Books, 1980), pp. 462–63.
2. 最近的研究表明，人类始终在思考未来，这在其他动物中较为罕见。参见Martin E. P. Seligman, Peter Railton, Roy F. Baumeister, and Chandra Sripada, *Homo Prospectus* (Oxford: Oxford University Press, 2016)。显然，对未来的持续思考，要么是在人类演化史中为了生存利益而发展出来的，要么就是智慧大脑的必然副产品。无论是哪种情况，我都渴望活在当下，并一直在对抗人脑的这种自然倾向。

僧　人

1. 这是2016年1月5日约·胡特·赫马卡罗在金边接受艾伦·莱特曼采访时的评论，赫马卡罗的其他论述也出自此次访谈。

真　理

1. O. R. Gurney and S. N. Kramer, “Two Fragments of Sumerian Laws,” *Assyriological Studies*, no. 16 (April 21, 1965): 13–19.
2. Exodus 20:13, KJV.
3. *The Meaning of the Holy Qur'an*, rev. trans. and commentary by ‘Abdullah Yūsuf ‘Alī (Brentwood, MD: Amana Corporation, 1989), *sura* 2:222.
4. 同上，*sura* 5:6。
5. St. Thomas Aquinas, *Of God and His Creatures*, Chapter XVI, trans. Joseph Rickaby (1258–64; London: Burns and Oates, 1905), p. 86.

6. John Calvin, *The Institutes of the Christian Religion*, Book 1, Chapter 16, trans. Henry Beveridge (Woodstock, Ont.: Devoted Publishing, 2016), p. 91.
7. Ibn Qayyim, *Kitab al-tibyan fi aqsam al-qur'an* (Beirut: Mu'assasat al-risala, 1994). 参见 "Islam and Science," http://poraislam.page.tl/Islam-and-Science.htm。
8.《上帝圣言》第11条，由教宗保罗六世于1965年11月18日颁布。参见http://www.vatican.va/archive/hist_councils/ii_vatican_council/documents/vat-ii_const_19651118_dei-verbum_en.html。

超越性

1. William James, V*arieties of Religious Experience* (1902; Bibliobazaar edition, 2007), p. 71.
2. 弗洛伊德在《文明及其不满》中提到了罗兰的来信，见 *Civilization and Its Discontents*, trans. James Strachey (1929; New York: W. W Norton, 1961), pp. 11–12。他继而又用他的自我理论和婴儿对母亲乳房的深深依恋来解读罗兰的"海洋般的感觉"。
3. "The Nobel Prize in Literature 1915," at https://www.nobelprize.org/nobel_prizes/literature/laureates/1915/.
4. *Asia Magazine* 31 (1931): 139, reprinted in Abraham Pais, *Einstein Lived Here* (Oxford: Oxford University Press, 1994), pp. 102–3.

法　则

1. "Life of Marcellus" (ca. AD 105), in Plutarch, *The Parallel Lives*, Great Books of the Western World, vol. 14 (Chicago: Encyclopaedia Britannica, 1952), pp. 252–55.

2. "On Floating Bodies" (ca. 250 BC), in *The Works of Archimedes,* ed. T. L. Heath (Cambridge, UK: Cambridge University Press, 1897), Book I, Prop 5.

教　条

1. 我是在自己的文章《神存在吗？》中首次提到了"科学中心教条"一词及其定义，见"Does God Exist?," *Salon*, October 2, 2011。
2. 关于科学中心教条中的内在假设：哲学上有一个很重要的观念，叫"充足理由律"，与戈特弗里德·威廉·莱布尼茨（Gottfried Wilhelm Leibniz, 1646—1716）的关联最为紧密。它指出，任何事物都必定有一个"充足的"理由或原因。哲学家们对何谓"充足"多有争议。是不是只要有一个原因存在，无论它能否被我们理解或证明，就可算作"充足"？充足性是否需要我们完全理解原因？一个原因的某些方面，比如科学理论中的参数，可以看作是既定的吗？这些都是深刻的哲学问题，它们在科学事业上的适用性是复杂而微妙的。在我的陈述和理解中，科学中心教条并不要求我们解释原因的原因。科学家们可以相信宇宙是合乎法则的，进而还可以相信某些法则的有效性，比如爱因斯坦的引力方程，但并不一定知道，甚至没法知道这些法则的源起。
3. 我所说的电子的"磁场强度"严格说就是"电子近点角"乘以1000。参见Eduardo de Rafael, "Update of the Electron and Muon g-Factors," *Nuclear Physics Proceedings Supplement* 234 (2013): 193。
4. Steven Weinberg, *Dreams of a Final Theory* (New York: Pantheon, 1992), p. 6.
5. Paul Dirac, "The Evolution of the Physicist's Picture of Nature," *Scientific American* (May 1963).

运 动

1. Steven Naifeh and Gregory White Smith, *Van Gogh: The Life* (New York: Random House, 2011), p. 651.
2. K. Arenberg, L. F. Countryman, L. H. Bernstein, and G. E. Shambaugh, "Van Gogh Had Meniere's Disease and Not Epilepsy," *Journal of the American Medical Association* 264 (1990): 491–93.
3. Shakespeare, *Othello*, Act 2, Scene 3.
4. Emily Dickinson, "The Difference Between Despair," poem 305, in *The Complete Poems of Emily Dickinson*, ed. Thomas H. Johnson (Boston: Little, Brown, 1960).
5. Terrien, *Le National,* February 19, 1851.
6. 爱因斯坦在1901年12月17日写给米列娃·马里奇的信，见 *Collected Papers of Albert Einstein*, vol. 1, trans. Anna Beck (Princeton, NJ: Princeton University Press, 1987), p. 187。
7. 爱因斯坦在1900年8月30日写给米列娃·马里奇的信，见 *Collected Papers*, vol. 1, p. 148。
8. Entry for June 14, 1927, *The Diaries of Count Harry Kessler*, ed. Charles Kessler (New York: Grove, 2002), p. 322. 我要感谢沃尔特·艾萨克森（Walter Isaacson）和他为爱因斯坦撰写的精彩传记，见 *Einstein: His Life and Universe* (New York: Simon and Schuster, 2007)，其中引述了爱因斯坦的一些话。
9. 出自菲尔埃克对爱因斯坦的访谈《生命对爱因斯坦的意义》（"What Life Means to Einstein"），刊载于1929年10月26日的《星期六晚邮报》（*Saturday Evening Post*）。
10. Werner Heisenberg, *Physics and Beyond*, trans. Arnold J. Pomerans (New York: Harper and Row, 1971), pp. 60–61.
11. James D. Watson, *The Double Helix* (New York: New American Library, 1968), p. 118.

居 中

1. "Religious Beliefs and Practices," Pew Research Center, Religion & Public Life Project. June 1, 2008.
2. "Beliefs About God Across Time and Countries," National Opinion Research Center, University of Chicago, 2008.
3. Alvin Plantinga, *Warranted Christian Belief* (Oxford: Oxford University Press, 2000), p. vii.
4. 美国国家航空航天局斯皮策太空望远镜的观测成果，见"These Seven Alien Worlds Could Help Explain How Planets Form," *Nature*, February 22, 2017。

死 亡

1. Henry David Thoreau, *Walden* (1854), Chapter 2.
2. Shakespeare, *The Merchant of Venice*, Act V, Scene 1.
3. 这场佛教禅修活动是在威斯康星州威拉德市的克里斯汀中心（Christine Center）举办的。
4. 安东尼奥·达马西奥对意识的看法在他的几本书里都有提及，例如，*The Feeling of What Happens: Body and Emotion in the Making of Consciousness* (New York: Harcourt Brace, 1999)。
5. Leo from Tasmania, in "In Our Own Words: Younger Onset Dementia," at https://fightdementia.org.au/files/20101027-Nat-YOD-InOurOwnWords.pdf.
6. "Ted's Story," at http://www.alz.org/living_with_alzheimers_8929.asp.
7. Lucretius, *De Rerum Natura*, Book 3, trans. and ed. W. H. D. Rouse and M. F. Smith (Cambridge, MA: Harvard University Press, 1982), p. 221.
8. 同上，Book 3, p. 253。

确定性

1. 奥古斯丁说上帝之城包含着“绝对的确定性”，*City of God* (AD 413–427), chapter 18, trans. Reverend Marcus Dods, *St. Augustine's City of God and Christian Doctrine*, ed. Philip Schaf (Grand Rapids, MI: William B. Eerdmans, 2005), p. 590。参见基督教经典空灵图书馆网站：http://www.ccel.org/ccel/schaff/npnf102.titlepage.html。
2. Saint Augustine, *To Consentius, Against Lying* (*Contra Mendacio*) (AD 420), paragraph 36. 参见网站：http://www.newadvent.org/fathers/1313.htm。
3. 同上，paragraph 38。
4. *Confessions of St. Augustine* (AD 397–401), Book VIII, Harvard Classics, vol. 7 (New York: P. F. Collier & Son, 1909),pp. 141–42.
5. 同上，p. 139。
6. Romans 13:13, 14, KJV.
7. 奥古斯丁的朋友、卡拉马主教波西迪乌斯（Possidius）当时记录了大量有关奥古斯丁的传记材料，可参见：http://www.tertullian.org/fathers/possidius_life_of_augustine_02_text.htm。
8. Ming Hsu, Meghana Bhatt, Ralph Adolphs, Daniel Traell, and Colin F. Camerer, “Neural Systems Responding to Degrees of Uncertainty in Human Decision-Making,” *Science* 9 (December 2005): 1680.
9. Søren Kierkegaard, *Concluding Unscientific Postscript to Philosophical Fragments*, ed. and trans. Alastari Hannay (1846; Cambridge UK: Cambridge University Press, 2009), pp. 170–71.
10. Max Planck, *A Survey of Physical Theory,* trans. R. Jones and D. H. Williams (1925; New York: Dover, 1960), pp. 67–68.

11. Pierre-Simon Laplace, *A Philosophical Essay on Probabilities*, trans. Frederick Wilson Truscott and Frederick Lincoln Emory (1795; New York: John Wiley & Sons, 1902), p. 4; 参见在线内容：http://bayes.wustl.edu/Manual/laplace_A_philosophical_essay_on_probabilities.pdf。
12. 中西方传统对因果和联系的看法存在差异。在中国哲学中，偶然性和环境比机制和原因起着更大的作用。心理学家卡尔·荣格曾为《易经》作序，他在其中表示，中国人认为每一刻都是周围同时出现的数百万个微小巧合的产物，包括人类观察者的心理状态。根据汉学家李约瑟的说法，接续的事件（在中国人看来）都是作为一个有机整体的一部分而联系在一起的，并非西方世界观中的孤立的因果关系。中国人不会像西方思维那样说原因A导致了结果B，而是会运用一种“生物学”模型，即A是起源，B是目的。换句话说，B是以某种方式蕴含在A之中，或者B是A的发展结果；A会流变成B，其中个个都是整体的一部分，不能作为单独的实体来隔离和研究。相比之下，在西方科学中，基本粒子和力在概念上（即便不是物理上）的隔离一直是西方科研的重要部分。基于还原方法论的现代科学之所以会在西方而非东方发展，这些世界观上的差异可能也是原因之一。参见Joseph Needham, *Science and Civilisation in China,* vol. 2 of *History of Scientific Thought* (Cambridge, UK: Cambridge University Press, 1957)。
13. Augustine of Hippo, *On Free Will,* Book III, iv. 9. trans. J. H. S. Burleigh (388–395; Louisville, KY: Westminster John Knox Press, 2006), pp. 176–77.
14. 比如，我想到了英国哲学家杰里米·边沁（Jeremy Bentham）和他的功利主义思想。

起 源

1. 历史学家哈里·努斯鲍默详细描述了爱因斯坦对非静态宇宙学的态度以及他于1931年2月11日前往威尔逊山天文台的经历，详见Harry Nussbaumer's "Einstein's Conversion from His Static to an Expanding Universe," *The European Physical Journal H* 39 (2014): 37–62。
2. 这位比利时宇宙学家是乔治·勒梅特（Georges Lemaître）。
3. 出自乔治·勒梅特关于1927年索尔维会议（Solvay conference）上与爱因斯坦谈话的回忆，见"Rencontres avec A. Einstein," *Revue des Questions Scientifiques* 129 (1958)。
4. *New York Times,* February 12, 1931, p. 15.
5. *Confessions of St. Augustine,* Book XI, trans. Edward Bouvere Pusey (Religious Imprints, 2012), pp. 160–61.
6. 《辅助生殖图集》（*Atlas de Reproducción Asistida*）里有个很好的视频，呈现了显微镜下细胞分裂的情形，在YouTube上可以观看，网址是：https://www.youtube.com/watch?v=P1h611sNji8。
7. Alexander Heidel, *The Babylonian Genesis*, Tablet 1 (Chicago: University of Chicago Press), p. 18.
8. Rig Veda, translated in *Creation Myths of the World,* ed. David Adams Leeming (Santa Barbara, CA: ABC-CLIO, 2010), p. 3.
9. Qur'an, 2:117, translated in *The Message of the Quran,* by Muhammad Asad. https://quran.com/2:117.
10. R. H. Dicke, P. J. E. Peebles, P. G. Roll, and D. T. Wilkinson, "Cosmic Black-Body Radiation," *Astrophysical Journal Letters* 142 (1965): 415.
11. Stephen Hawking, *A Brief History of Time* (New York: Bantam Books, 1988), p. 136.

12. 出自艾伦·莱特曼在2015年7月7日对亚历山大·维连金的访谈。
13. Hawking, *A Brief History of Time*, p. 141.
14. 出自艾伦·莱特曼在2015年9月11日对唐·佩奇的访谈。
15. *The Preposterous Universe*, Sean Carroll's blog, March 20, 2015 (http://www.preposterousuniverse.com/blog/).
16. 出自艾伦·莱特曼在2015年8月4日对肖恩·卡罗尔的访谈。

多重宇宙

1. 参见Teun Tieleman, "Religion and Therapy in Galen," in *Religion and Illness,* ed. Annette Weissenrieder and Gregor Etzelmüller (Eugene, OR: Cascade Books, 2016)。

人 类

1. Francis Bacon, *The New Atlantis* (1627), Harvard Classics, vol. 3 (New York: P. F. Collier & Son, 1909), pp. 177–78.
2. 日本三垦制造的MO-64扩音器。参见http://www.sanken-mic.com/en/company/product.cfm。
3. J. B. S. Haldane, "Daedalus, or Science and the Future," 这是1923年2月4日霍尔丹在剑桥向异端们宣读的一篇文章。参见https://www.marxists.org/archive/haldane/works/1920s/daedalus.htm。
4. "In U.S., 42% Believe Creationist View of Human Origins," at http://www.gallup.com/poll/170822/believe-creationist-view-human-origins.aspx.
5. Genesis 1:28–31, KJV.
6. *Sura* 4, Al Nisā', in *The Meaning of The Holy Qu'ran*, trans. and commentary by 'Abdullah Yūsuf 'Alī (Brentwood, MD: Amana Corporation, 1991), p. 183.

7. Wahhab al-Turayri, "Biological Evolution, an Islamic Perspective," *Islam Today*, September 22, 2005 (https://www.islamreligion.com/articles/657/biological-evolution-a-an-islamic-perspective/).
8. H. G. Wells, *The Island of Dr. Moreau* (1896), chapter 12. 例见*H. G. Wells Science Fiction Treasury* (New York: Chatham River Press, 1979), p. 105。
9. *Star Trek II: The Wrath of Khan* (1982), Paramount Pictures, written by Harve Bennett, with participating writers Jack B. Sowards and Samuel A. Peeples. 剧本可见于http://www.imsdb.com/scripts/Star-Trek-II-The-Wrath-of-Khan.html。
10. Charles Darwin, *The Descent of Man, and Selection in Relation to Sex* (1871; Princeton, NJ: Princeton University Press, 1981), p. 39.
11. S. Wechkin, J. H. Masserman, and W. Terris, "Shock to a Conspecific as an Aversive Stimulus," *Psychonomic Science* 1 (1964): 47–48.

出　　品：贝　页
总 策 划：李　菁
版权合作：黄莹儿
责任编辑：戴　铮
特约策划：刘盟赟　杨俊君
特约编辑：王　宣
特约营销：李芮昕
装帧设计：汤惟惟
投稿请至：goldenbooks@gaodun.com
采购热线：021-3114 6266
136 3642 5302